After Effects 中文版
入门、精通与实战

刘晓宇　编著

电子工业出版社

Publishing House of Electronics Industry

北京·BEIJING

图书在版编目（CIP）数据

After Effects中文版入门、精通与实战 / 刘晓宇编著. —北京：电子工业出版社，2022.11
ISBN 978-7-121-44424-1

Ⅰ. ①A… Ⅱ. ①刘… Ⅲ. ①图像处理软件 Ⅳ.①TP391.413

中国版本图书馆CIP数据核字（2022）第190450号

责任编辑：高　鹏
印　　刷：涿州市京南印刷厂
装　　订：涿州市京南印刷厂
出版发行：电子工业出版社
　　　　　北京市海淀区万寿路173信箱　　邮编：100036
开　　本：787×1092　1/16　　印张：23.5　字数：601.6千字
版　　次：2022年11月第1版
印　　次：2022年11月第1次印刷
定　　价：79.00元

凡所购买电子工业出版社图书有缺损问题，请向购买书店调换。若书店售缺，请与本社发行部联系，联系及邮购电话：（010）88254888，88258888。

质量投诉请发邮件至zlts@phei.com.cn，盗版侵权举报请发邮件至dbqq@phei.com.cn。

本书咨询联系方式：（010）88254161～88254167转1897。

　　After Effects，简称 AE，是 Adobe 公司推出的一款基于图层的动态图形和视频处理软件，也是当前主流的视频合成和特效制作软件之一。

　　After Effects 软件在影视后期特效、电视栏目包装、企业和产品宣传等领域得到了广泛的应用。对于实战性很强的应用软件，最佳的学习方法就是理论加实战。本书也针对这一点，从基础的案例入手，由浅入深进行讲解。无论是初学者，还是有一定软件基础的使用者，都能从中有所收获。

　　本书系统地讲解了视频合成的基础知识、操作界面、效果命令、制作方法等内容，共分为 11 章，各章内容概括如下。

　　第 1 章讲解视频合成的基础知识。

　　第 2 章讲解软件的菜单和各个功能面板。

　　第 3 章讲解影视合成的操作流程。

　　第 4 章讲解图层的编辑方法，以及制作关键帧动画的方法。

　　第 5 章讲解三维空间的基础知识和操作方法。

　　第 6 章讲解文本的相关知识和编辑方法。

　　第 7 章讲解蒙版和遮罩的相关知识和操作技巧。

　　第 8 章讲解抠像技术的使用技巧。

　　第 9 章讲解色彩调整的技巧。

　　第 10 章讲解跟踪效果的使用技巧。

　　第 11 章讲解综合案例的制作方法。

　　本书思路清晰，按照视频合成基础知识、软件概述、制作流程、图层与关键帧动画、三维空间动画、文本动画、蒙版与遮罩、抠像技术、色彩调整、跟踪和综合案例的顺序，依次介绍软件各个模块的使用技巧，并按照项目制作的流程，循序渐进地进行讲解。各章内容结构完整、图文并茂、通俗易懂，并配有提示和小技巧。

　　本书配有相关案例的案例文件、素材文件、PPT 教学课件，以及详细讲解相关案例的制作过程和方法的教学视频，以供读者使用，提高学习的效率。

　　在 After Effects 的学习过程中，建议读者先厘清案例的制作思路和方法，再去学习绚丽的效果和插件，同时注重综合素质和艺术修养的不断提升，只有这样，才能够在视频制作行业做得更好。

　　由于编者水平有限，书中难免会有疏漏之处，敬请广大读者批评指正。

读者服务

读者在阅读本书的过程中如果遇到问题，可以关注 "有艺"公众号，通过公众号中的"读者反馈"功能与我们取得联系。此外，通过关注"有艺"公众号，您还可以获取艺术教程、艺术素材、新书资讯、书单推荐、优惠活动等相关信息。

扫一扫关注"有艺"

资源下载方法：关注"有艺"公众号，在"有艺学堂"的"资源下载"中获取下载链接，如果遇到无法下载的情况，可以通过以下三种方式与我们取得联系：

1. 关注"有艺"公众号，通过"读者反馈"功能提交相关信息；
2. 请发邮件至 art@phei.com.cn，邮件标题命名方式：资源下载+书名；
3. 读者服务热线：（010）88254161~88254167 转 1897。

投稿、团购合作：请发邮件至 art@phei.com.cn。

视频教学

随书附赠实操教学视频，扫描二维码关注公众号即可在线观看。

扫一扫看视频

CONTENTS

CONTENTS

CONTENTS

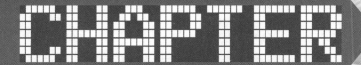

数字影像合成基础

本章导读

本章系统地讲解了数字合成、视频基础、电视制式、文件格式和影像理论等概念的基础知识。通过本章的学习，大家能够了解影视合成的专业知识，掌握各种专业格式的应用范畴，明白各种专业术语的含义，这将为今后的团队协作交流提供有利的保障。

学习要点

- ☑ 数字合成概述
- ☑ 视频基础
- ☑ 电视制式
- ☑ 文件格式
- ☑ 影像理论

1.1 数字合成概述

数字合成就是指将多种原始素材编辑成统一复合画面的处理过程，是将所有画面素材的源文件或影片镜头合成为一个有次序的制作过程。数字合成可以为影片创造出现实中不存在的或难以实现的画面效果。这些数字合成效果是体现影片质量的重要元素之一，也是吸引观众的重要手段。

为了获得更真实的特效、更绚丽的视觉效果，随着计算机技术的发展，数字合成技术应运而生。数字合成技术是相对于传统合成技术而言的，主要运用先进的计算机图像学原理和方法，通过计算机专门的软件系统将多种源素材有机混合成单一复合图像，然后再输出到磁带、胶片或数码设备上，最终将完成的作品呈现在观众面前。随着计算机技术的进步，数字合成技术也在蓬勃发展，可以为观众制作出更为绚丽逼真的视觉效果。

1.2 视频基础

1.2.1 像素

像素（Pixel）由图像（Picture）和元素（Element）这两个单词组合而成，是用来计算数码影像的单位。像素是基本原色素及其灰度的基本编码，是构成数字图像的基本单元，通常以 PPI（Pixels Per Inch）为单位来表示图像分辨率的大小。

把图像放大数倍，会发现图像是由多个色彩相近的小方格组成的，这些小方格就是构成图像的最小单位——像素，如图 1-1 所示。

最小的图形单元在屏幕上通常显示为单个的染色点。图像中的像素点越多，拥有的色彩就越丰富，图像效果越好，也就越能表达色彩的真实感，如图 1-2 所示。

图 1-1

高像素　　　　　　　低像素

图 1-2

1.2.2 像素比

像素比是指图像中的一个像素的宽度与高度之比，而帧纵横比则是指图像的一帧的宽度与高度之比。方形像素比为 1.0（1:1），矩形像素比则非 1:1。一般，计算机像素为方形像素，电视像素为矩形像素。

1.2.3　图像尺寸

数字图像以像素为单位来表示画面的高度和宽度。图片分辨率越高，所需像素越多。标准视频的图像尺寸有许多种，如 DV 画面像素大小为 720×576，HDV 画面像素大小为 1280×720 和 1400×1080，HD 高清画面像素大小为 1920×1080 等。

1.2.4　帧的概念

帧是动态影像中的单幅影像画面，是动态影像的基本单位，相当于电影胶片上的每一格镜头，如图 1-3 所示。一帧就是一个静止的画面，多个画面逐渐变化的帧快速播放，就形成了动态影像。

图 1-3

1.2.5　帧速率

帧速率就是每秒显示的静止图像帧数，通常用 fps（Frames Per Second）表示。帧速率越高，影像画面就越流畅。帧速率如果过小视频画面就会不连贯，影响观看效果。电影的帧速率为 24fps，我国电视的帧速率为 25fps。

1.2.6　时间码

时间码（Time Code）是摄像机在记录图像信号的时候，针对每一幅图像记录的唯一的时间编码。数据信号流为视频中的每个帧都分配一个数字，每个帧都有唯一的时间码，格式为"小时:分钟:秒钟:帧"。例如 01:23:45:10 则表示为 1 小时 23 分钟 45 秒 10 帧。

1.2.7　场的概念

每一帧由两个场组成，奇数场和偶数场，又称为上场和下场。场以水平分隔线的方式隔行保存帧的内容，在显示时可以选择优先显示上场内容或下场内容。计算机操作系统是以非交错扫描形式显示视频的，每一帧图像一次性垂直扫描完成，即为无场。

1.3　电视制式

电视制式是用来实现电视图像或声音信号所采用的一种技术标准，电视信号的标准可以简称为制式。世界上各个国家所执行的电视制式标准不同，主要表现在帧速率、分辨率和信号带宽等多方面。世界上主要使用的电视制式有 NTSC、PAL 和 SECAM 三种。

1.3.1　NTSC 制式

NTSC（National Television System Committee，美国国家电视系统委员会）制式一般被称为正交调制式彩色电视制式，是 1952 年由美国国家电视标准委员会指定的彩色电视标准，采用正交平衡调幅的技术方式。

采用 NTSC 制式的国家有美国、日本、韩国、菲律宾和加拿大等。

1.3.2　PAL 制式

PAL（Phase Alteration Line，逐行倒相）制式一般被称为逐行倒相式彩色电视制式，是德国在 1962 年指定的彩色电视标准，它采用逐行倒相正交平衡调幅的技术方法，克服了 NTSC 制相位敏感造成色彩失真的缺点。

采用 PAL 制式的国家有德国、中国、英国、意大利和荷兰等。PAL 制式根据不同的参数细节，进一步划分为 G、I 和 D 等制式，中国采用的制式是 PAL-D。

1.3.3　SECAM 制式

SECAM（法语：Séquentiel Couleur à mémoire，按顺序传送彩色与存储）制式一般被称为轮流传送式彩色电视制式，是法国在 1956 年提出、1966 年制定的一种新的彩色电视制式。

采用 SECAM 制式的国家和地区有法国、东欧、非洲各国和中东一带。

1.4　文件格式

文件格式的不同，其编码方式及应用特点也会有所不同。掌握这些格式的编码方式和格式特点，可以选择更合适的格式进行应用。

1.4.1　编码压缩

信息从一种形式或格式转换为另一种形式的过程称为编码。而压缩是将较大的文件通过重新编码的计算方式，将文件压缩成更小体积的文件。压缩分为无损压缩和有损压缩两种。

无损压缩就是通过处理冗余数据进行压缩，可使原始数据不产生任何失真效果的压缩方式。有损压缩就是损失一些人们不敏感的音频或图像信息，以减小文件体积。压缩的比重越大，文件损失数据就会越多，效果就越差。

1.4.2　图像格式

图像格式是计算机存储图片的格式，常见的图像格式有 GIF 格式、JPEG 格式、BMP 格式和 PSD 格式等。

一、GIF 格式

GIF 格式全称为 Graphics Interchange Format，是图形交换格式，是一种基于 LZW 算法的连续色调的无损压缩格式。GIF 格式的压缩率一般在 50%左右，支持的软件较为广泛。GIF 格式可以在一个文件中存储多幅彩色图像，并可以逐渐显示，构成简单的动画效果。

二、JPEG 格式

JPEG 全称为 Joint Photographic Experts Group，是常用的图像文件格式之一，由软件开发联合会组织制定，是一种有损压缩格式，能够将图像压缩在很小的存储空间中。JPEG 格式是目前网络上最流行的图像格式，可以把文件压缩到最小的格式，就是用最少的磁盘空间得到较好的图像品质。

三、TIFF 格式

TIFF 全称为 Tag Image File Format，由 Aldus 和 Microsoft 公司为桌上出版系统研制开发的一种较为通用的图像文件格式。TIFF 格式支持多种编码方法，是图像文件格式中较复杂的格式之一，具有扩展性、方便性和可改性等特点，多用于印刷领域。

四、BMP 格式

BMP 全称为 Bitmap，是 Windows 环境中的标准图像数据文件格式。BMP 采用位映射存储格式，不采用任何压缩，所需空间较大，支持的软件较为广泛。

五、TGA 格式

TGA 格式又称为 Targa，全称为 Tagged Graphics，是一种图形图像数据的通用格式，是多媒体视频编辑转换的常用格式之一。TGA 格式对不规则形状的图形图像支持较好。TGA 格式支持压缩，使用不失真的压缩算法。

六、PSD 格式

PSD 格式全称为 Photoshop Document，是 Photoshop 图像处理软件的专用文件格式。PSD 格式支持图层、通道、蒙版和不同色彩模式的各种图像特征，是一种非压缩的原始文件保存格式。PSD 格式保留图像原始信息和制作信息，方便软件进行处理，但文件较大。

七、PNG 格式

PNG 格式全称为 Portable Network Graphics，是便携式网络图形，PNG 格式能够提供比 GIF 格式还要小的无损压缩图像文件。PNG 格式保留了通道信息，可以制作背景透明的图像。

1.4.3　视频格式

视频格式是计算机存储视频的格式，常见的视频格式有 MPEG 格式、AVI 格式、MOV 格式和 3GP 格式等。

一、MPEG 格式

MPEG（Moving Picture Experts Group，动态图像专家组）是针对运动图像和语音压缩制定国际标准的组织。MPEG 标准的视频压缩编码技术，主要利用了具有运动补偿的帧间压缩编码技术，以减小时间冗余度，大大增强了压缩性能。MPEG 格式广泛应用于各个商业领域，成为主流的视频格式之一。MPEG 格式包括 MPEG-1、MPEG-2 和 MPEG-4 等。

二、AVI 格式

AVI 全称为 Audio Video Interleaved，即音频视频交错格式，是将语音和影像同步组合在一起的文件格式。通常情况下，一个 AVI 文件里会有一个音频流和一个视频流。AVI 格式文件是 Windows 操作系统上最基本的、也是最常用的一种媒体文件。AVI 格式作为主流的视频文件格式之一，被广泛应用到影视、广告、游戏和软件等领域，但由于该文件格式占用内存较大，经常需要进行压缩。

三、MOV 格式

Quick Time（MOV）是 Apple（苹果）公司创立的一种视频格式，是一种优秀的视频编码格式，也是常用的视频格式之一。

四、ASF 格式

ASF（Advanced Streaming Format，高级流格式）是一种可以在网上即时观赏的视频流媒体文件压缩格式。

五、WMV 格式

Windows Media 格式输出的是 WMV 格式文件，其全称是 Windows Media Video，是微软推出的一种流媒体格式。在同等视频质量下，WMV 格式的文件可以边下载边播放，很适合在网上播放和传输，因此也成为常用的视频文件格式之一。

六、3GP 格式

3GP 是一种 3G 流媒体的视频编码格式，主要是为了配合 3G 网络的高传输速度而开发的，也是手机中较为常见的一种视频格式。

七、FLV 格式

FLV 是 Flash Video 的简称，是一种流媒体视频格式。FLV 格式文件体积小，方便网络传输，多用于网络视频播放。

八、F4V 格式

F4V 格式是 Adobe 公司为了迎接高清时代而推出的，继 FLV 格式后支持 H.264 的流媒体格式。F4V 格式和 FLV 格式主要的区别在于，FLV 格式采用的是 H.263 编码，而 F4V 则支持 H.264 编码的高清晰视频。在文件大小相同的情况下，F4V 格式更加清晰流畅。

1.4.4 音频格式

音频格式是计算机存储音频的格式，常见的音频格式有 WAV 格式、MP3 格式、MIDI

格式和 WMA 格式等。

一、WAV 格式

WAV 格式是微软公司开发的一种声音文件格式。WAV 格式支持多种压缩算法，支持多种音频位数、采样频率和声道，标准 WAV 格式是 44.1kHz 的采样频率，速率为 88kbs，16位。WAV 格式支持的软件较为广泛。

二、MP3 格式

MP3 全称为 MPEG Audio Player3，是 MPEG 标准中的音频部分，也就是 MPEG 音频层。MP3 格式采用保留低音频，高压高音频的有损压缩模式，具有 10∶1～12∶1 的高压缩率，因此 MP3 格式文件体积小、音质好，成了较为流行的音频格式。

三、MIDI 格式

MIDI（Musical Instrument Digital Interface）乐器数字接口，是编曲界最广泛的音乐标准格式。MIDI 格式用音符的数字控制信号来记录音乐，MIDI 格式在乐器与计算机之间以较低的数据量进行传输，存储在计算机里的数据量也相当小，一个 MIDI 文件每存 1 分钟的音乐只用大约 5～10KB。

四、WMA 格式

WMA（Windows Media Audio）格式是微软推出的音频格式，WMA 格式的压缩率一般都可以达到 1∶18 左右，WMA 格式的音质超过 MP3 格式，更远胜于 RA（Real Audio）格式，是广受欢迎的音频格式之一。

五、RA 格式

RA 是 Real Audio 的简称，一种可以在网上实时传输和播放的音频流媒体格式。Real 的文件格式主要有 RA（Real Audio）、RM（Real Media，Real Audio G2）和 RMX（Real Audio Secured）等。RA 文件压缩比例高，可以随网络带宽的不同而改变声音的质量，带宽高的听众可以听到较好的音质。

六、ACC 格式

ACC（Advanced Audio Coding，高级音频编码技术）是杜比实验室提供的技术。AAC 格式是遵循 MPEG-2 的规格开发的技术，可以在比 MP3 格式小 30%的体积下，提供更好的音质效果。

1.5　影像理论

1.5.1　非线性编辑

非线性编辑是相对传统上以时间顺序进行线性编辑而言的。非线性编辑借助计算机来进行数字化制作，几乎所有的工作都在计算机中完成，不依靠外部设备，打破传统时间顺序编辑限制，根据制作需求自由排列组合，具有快捷、简便和随机的特性。

1.5.2 镜头

在影视作品的前期拍摄中，镜头是指摄像机从启动到关闭这期间，不间断摄取的一段画面的总和。在后期编辑时，镜头可以指两个剪辑点间的一组画面。在前期拍摄中镜头是组成影片的基本单位，也是非线性编辑的基础素材。非线性编辑软件是对镜头的重新组接和裁剪编辑处理。

1.5.3 景别

景别是指由于摄像机与被摄体的距离不同，而造成被摄体在镜头画面中呈现出范围大小的区别。景别一般可分为五种，由近至远分别为特写、近景、中景、全景和远景，如图 1-4 所示。

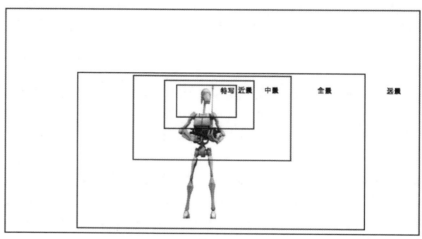

图 1-4

1.5.4 运动拍摄

运动拍摄是指在一个镜头中通过移动摄像机机位或改变镜头焦距进行的拍摄。通过这种拍摄方式拍到的画面，称为运动画面。通过推、拉、摇、移、跟、升降摄像机和综合运动摄像机，可以形成推镜头、拉镜头、摇镜头、移镜头、跟镜头、升降镜头和综合运动镜头等运动镜头画面。

1.5.5 镜头组接

镜头组接，即将拍摄的画面镜头，按照一定的构思和逻辑，有规律地串连在一起。一部影片由许多镜头合乎逻辑地、有节奏地组接在一起，从而清楚地表达作者要阐释的意图。在后期剪辑的过程中，需要遵循镜头组接的规律，使影片表达得更为连贯流畅。画面组接的一般规律是动接动、静接静和声画统一等。

CHAPTER 2

软件概述

本章导读

本章系统地介绍了软件的安装环境、工作区域、首选项、各个功能面板和菜单命令。通过本章的学习，大家能够对软件中的窗口和面板有一个比较全面的了解，熟悉软件的操作区域和工作流程。初步了解各个菜单命令和功能面板的作用，为今后的学习操作奠定良好的基础。

学习要点

- ☑ 软件介绍
- ☑ 工作区
- ☑ 功能面板
- ☑ 软件菜单
- ☑ 首选项

2.1 软件介绍

2.1.1 软件简介

　　After Effects（简称 AE）是 Adobe 公司推出的一款图形视频处理软件，属于图层类型后期软件，打开界面如图 2-1 所示。After Effects 软件是目前主流的影视后期数字合成软件之一，它主要应用于影视特效、影视动画、栏目包装、企业宣传和产品宣传等影视制作领域。

图 2-1

2.1.2 新增功能

　　目前 Adobe 官方最新版本为 After Effects 2020，在这个版本中新增了许多功能。

一、预览和播放性能提升

　　在适合条件下，图层的变换和混合可以使用 GPU 而不是 CPU 进行运算，从而提升渲染性能。

二、下拉菜单控件效果

　　创建一个可在表达式、动态图形模板和主属性中引用的下拉菜单。利用该菜单，可以更轻松地获得更多控件选项并让参数的调整更加便捷。

三、使用表达式访问文本属性

　　使用表达式对文本属性进行全局更改。在 After Effects 和动态图形模板中跨多个文本图层保持字体、大小和样式的同步。

四、提高了形状处理速度

　　提高了形状的处理速度和性能，可更加快捷地创建和编辑形状。提高了含有形状图层项目的总体性能。

五、时间延迟

　　分组控件可让控件分布更有条理、访问控件更加便捷，而使用【中继器】中新的【时间延迟】选项可以让制作的动画显得更加生动。

六、优化了 EXR 工作流程

　　EXR 高动态范围图像可以提供大量的颜色控件，并可嵌入多个通道，以使其环境中的物体看起来更加自然。多通道 EXR 文件可以包含单个文件合成任务所需的所有渲染通道。After Effects 可以将 EXR 文件作为分层合成导入，从而使用户能够将多种效果应用于合成图层，而无须先执行复杂的设置过程。

七、系统兼容性报告

After Effects 会针对计算机上使用的特定硬件和旧版硬件驱动程序进行检测，并提供关于这些方面已知问题的警告。

八、扩展支持的格式并提供更佳的播放支持

支持的新格式包括 Canon XF-HEVC。在处理和播放 10 位的 H.265HD/UHD 和 HEVC HD/UHD 文件时，体验度得到了提升。同时还提升了 ProRes 解码的性能。此外，新版本还为带德尔塔帧的 MJPEG 和 Animation 编解码器文件提供了原生支持，方便访问旧版 QuickTime 文件。

九、其他功能

更新了 Photoshop 导入库的功能。确保在 After Effects 中正确导入并显示 Photoshop 文件。

更新为 MacOS 渲染以使用 Metal，弃用 OpenGL。

当拖动到合成中时，【参考线和标尺】工具现在会对齐全体像素。

将 Mocha 增效工具更新到了最新版本。

2.1.3　系统要求

After Effects 2020 对系统安装配置要求较高，只能在 Win10 系统 64 位或 Mac 系统下安装。并且计算机必须满足下方所述的最低系统要求，才能运行和使用 After Effects 软件。Windows 最低系统要求见表 2-1。

表 2-1

	最低规格
处理器	具有 64 位支持的多核 Intel 处理器
操作系统	Microsoft Windows 10（64 位）版本及更高版本
RAM	至少 16 GB（建议 32 GB）
GPU	2 GB GPU VRAM Adobe 强烈建议，在使用 After Effects 时，将 NVIDIA 驱动程序更新到 430.86 或更高版本。更早版本的驱动程序存在一个已知问题，可能会导致崩溃
硬盘空间	5 GB 可用硬盘空间用于安装；安装过程中需要额外可用空间（无法安装在可移动闪存设备上） 用于磁盘缓存的额外磁盘空间（建议 10GB）
显示器分辨率	1280×1080 或更高的显示分辨率
Internet	必须具备 Internet 连接并完成注册，才能激活软件、验证订阅和访问在线服务

Mac OS 最低系统要求见表 2-2。

表 2-2

	最低规格
处理器	具有 64 位支持的多核 Intel 处理器
操作系统	Mac OS 10.13 版及更高版本。注：Mac OS 10.12 版不支持
RAM	至少 16 GB（建议 32 GB）
GPU	2 GB GPU VRAM Adobe 强烈建议，在使用 After Effects 时，将 NVIDIA 驱动程序更新到 430.86 或更高版本。更早版本的驱动程序存在一个已知问题，可能会导致崩溃

续表

	最低规格
硬盘空间	6 GB 可用硬盘空间用于安装；安装过程中需要额外可用空间（无法安装在使用区分大小写的文件系统的卷上或可移动闪存设备上） 用于磁盘缓存的额外磁盘空间（建议 10 GB）
显示器分辨率	1440×900 或更高的显示分辨率
Internet	必须具备 Internet 连接并完成注册，才能激活软件、验证订阅和访问在线服务

VR 系统要求见表 2-3。

表 2-3

头戴显示器（HMD）	操作系统
Oculus Rift	Windows 10
Windows Mixed Reality	Windows 10
HTC Vive	Windows 10 27" iMac，带有 Radeon Pro 显卡 iMac Pro，带有 Radeon Vega 显卡 Mac OS 10.13.3 或更高版本

2.1.4 软件安装

要安装 After Effects 软件，用户可以先在 Adobe 官网注册 ID，然后通过 Adobe Creative Cloud 软件来下载 After Effects 软件。Adobe Creative Cloud 创意应用软件提供了 Adobe 创意应用软件（包括 Photoshop、After Effects 和 Premiere）的下载和更新升级等业务。在 Adobe Creative Cloud 软件中选择 After Effects 软件进行安装，或者购买下载好的程序进行安装。

① 打开安装包，然后双击安装包中的【Set-up】文件，启动安装程序，如图 2-2 所示。

② 在【After Effects 2020 安装程序】对话框中，可以设置软件的语言和位置。默认语言为"简体中文"，可通过单击【文件夹】按钮更改安装路径，如图 2-3 所示。设置好后，单击【继续】按钮，即可开始安装。

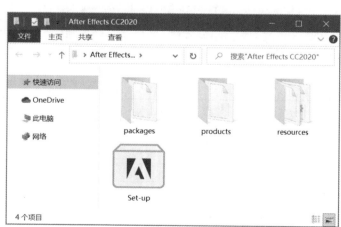

图 2-2

图 2-3

③ 在安装的过程中，会显示安装的进度和预估的剩余时间，如图 2-4 所示。一般安装需要 2—3 分钟左右。

④ 完成安装后，在计算机系统的【开始】菜单中，即可找到 After Effects 2020 软件的启动程序，如图 2-5 所示。

图 2-4

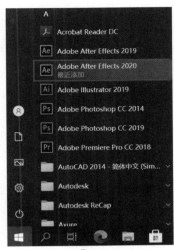

图 2-5

2.1.5 工作流程

无论使用 After Effects 软件制作简单的文字动画、图形动画，还是合成复杂的影视效果、栏目包装，通常都会遵循相同的基本工作流程。但根据制作需求的不同，可以重复或跳过一些制作步骤。例如，可以跳过导入素材的步骤，直接在项目中创建图形和文本等元素。或在项目中多次重复修改图层属性、制作动画、添加效果等，直到项目效果满意为止。先大致了解工程项目制作的工作流程，构建整体概念，有助于后面的学习。一般情况下，项目制作都会遵循八大步骤。

一、创建项目

启动 After Effects 软件时，软件会自动创建一个空的工程项目，然后我们可以对这个空的项目进行设置和编辑。

二、添加素材

在创建项目后，将素材导入【项目】面板中。

三、创建合成

在创建合成时，要设置好合成的帧大小、像素长宽比和起始时间等属性。这些合成设置会影响后面的制作和最终输出效果。

典型合成包括带有视频素材、音频素材、文本素材和图形素材等多个图层。一个工程项目中可以包含一个或多个合成，每个合成都可以作为一段素材，应用到其他的合成中。

四、组合图层

任何素材都可以是合成中一个或多个图层的源出处。合成中可以包含多个图层，而这些图层可以在【合成】面板和【时间轴】面板中重新排列组合，可以在两个维度中堆叠图层，或在三个维度中排列图层。我们还可以使用蒙版、混合模式和抠像工具合并多个图层的图像。图层排列组合顺序的不同，可以造成画面效果的不一致。

五、修改图层属性和制作动画

可以修改图层的任何属性，例如大小、位置和不透明度等。还可以为这些可以变化的属性数值制作动画效果。

六、添加并修改效果

可以为图层添加一个或多个效果，来改变图层的外观或声音等。也可以为这些效果属性制作动画。

七、预览

当工程项目制作到一个阶段，或者要查看我们修改图层属性后的效果时，就要进行效果预览。经常预览是保证项目制作效果，能达到我们预期的必要手段。

八、渲染输出

当工程项目制作好后，就要将一个或多个合成添加到渲染队列当中。在【渲染队列】面板中，可以更改输出影片文件的名称、位置和品质等属性，然后进行渲染输出，即可得到我们想要的视频文件。

2.2　工作区

2.2.1　进入工作区

当我们启动 After Effects 软件后，会显示【主页屏幕】，如图 2-6 所示。在【主页屏幕】中可以新建或打开项目，当工程项目显示后就进入软件真正的工作区了。

图 2-6

2.2.2　标准工作区

After Effects 软件的工程项目打开后，会显示软件的工作界面，包括【标题栏】、【菜单栏】和【工作区】，如图 2-7 所示。在【标准工作区】中，会显示【项目】面板、【时间轴】面板、【合成】面板、【音频】面板和【信息】面板等。

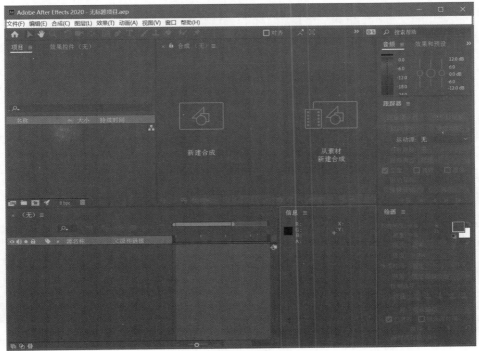

图 2-7

除【标准工作区】外，还可以执行【窗口】菜单下的【工作区】命令，选择其他的工作区，如图 2-8 所示。不同的工作区会根据自身特点，默认显示的功能面板有所多不同，布局方式也有一定的变化。

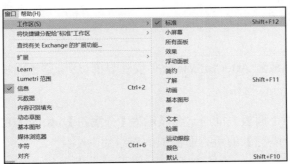

图 2-8

2.2.3　调整工作区

用户可以自由调节面板的位置，将面板移动到组内或组外，将面板并排放在一起，以及创建浮动面板以便其漂浮在应用程序窗口上方的新窗口中。当用户重新排列面板时，其他面板会自动调整大小以适应窗口。

一、停靠、编组或浮动面板

我们可以根据工作需要，自由调整工作区中各个面板的布局。可以将面板停靠在一起，或将它们移入或移出组，或使其浮动在其他面板的上方。拖动面板标题区域时，放置区域会高亮显示。拖动面板放在放置面板不同的区域，将决定这两个面板之间是停靠在一起，还是编组在一起。

（1）停靠面板

停靠某个面板时，会将该面板置于放置面板组的一侧，同时调整所有组的大小以容纳新面板，如图 2-9 所示。停靠区位于面板或面板组的边缘。

（2）编组面板

编组面板时，会将该面板置于放置面板组的中心位置，使中心位置高亮显示，组中面板会堆叠显示，如图 2-10 所示。

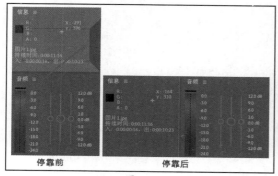

图 2-9

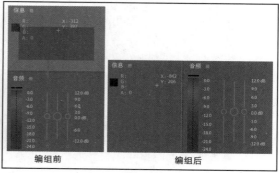

图 2-10

（3）浮动面板

若想将某个面板浮动显示，可以在该面板的标题处，执行右键菜单中的【浮动面板】命令即可，如图 2-11 所示。

提示和小技巧

> 按住【Ctrl】键，然后拖动面板或面板组，使其离开当前位置，然后松开鼠标，该面板或面板组即可浮动显示。

将面板或面板组拖放到 After Effects 软件操作界面以外，则该面板或面板组会浮动显示。

二、调整面板大小

当鼠标指针移到两个面板之间时，会显示为【分隔符】，如图 2-12 所示。拖动【分隔符】时，可以调整共享【分隔符】的所有面板或面板组的大小。

要水平或竖直调整大小，就将鼠标指针置于两个面板组之间，鼠标指针将显示为双箭头 ↔。

要同时在多个方向调整大小，就将鼠标指针置于三个或四个面板组之间的交叉处，鼠标指针将显示为四向箭头 ✛。

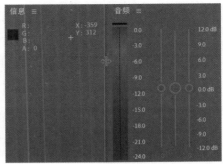

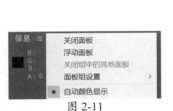

图 2-11

图 2-12

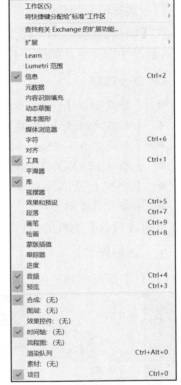

图 2-13

2.3 功能面板

After Effects 2020 软件中的各种效果功能，根据自身特性放置在不同的面板中。常用的面板包括【项目】面板、【时间轴】面板、【合成】面板、【效果和预设】面板和【信息】面板等。所有功能面板都可以在【窗口】菜单中找到并显示使用，如图 2-13 所示。

2.3.1 【项目】面板

【项目】面板主要是用来存放和管理工程项目中所使用素材的区域，如图 2-14 所示。在【项目】面板中标明了素材的类型、文件大小和帧速率等信息。在【项目】面板中还可以进行新建合成、导入素材和查找素材等操作。

一、预览区域

在预览区域中可以显示所选素材的图像信息和一些基本信息，如图 2-15 所示。

图 2-14

图 2-15

二、搜索栏

在【搜索栏】中输入关键字，可以快速找到【项目】面板中具有所搜索关键字的素材。当工程项目较为庞大、素材繁多时，使用【搜索栏】可以帮助我们快速找到想要的素材。

三、素材信息

将素材添加到【项目】面板中，会直接显示素材的类型、文件大小、帧速率和入出点等信息。扩展【项目】面板或滑动【项目】面板最下方的滚动条，还会显示更多的素材信息。在【项目】面板菜单下的【列数】命令中，还可以选择信息显示的类别，如图 2-16 所示。

单击【项目】面板中类别的标题，素材会根据类别进行排序，方便我们的管理。

四、面板的空白处

在【项目】面板的空白处单击鼠标右键，可以快速显示【新建合成】、【新建文件夹】和【导入】等常用命令，如图 2-17 所示。

※ 命令详解

● 【新建合成】：创建新的合成项目。
● 【新建文件夹】：创建新的文件夹，用以装载素材。
● 【新建 Adobe Photoshop 文件】：创建一个新的文件，并另存为 Photoshop 文件格式。
● 【新建 MAXON CINEMA 4D 文件】：创建 C4D 文件。
● 【导入】：导入文件和素材。
● 【导入最近的素材】：导入最近使用过的素材。

双击【项目】面板的空白处，会直接弹出【导入文件】对话框。

五、功能栏

【项目】面板的功能栏，在面板的最下方，是一排常用的功能按钮，如图 2-18 所示。

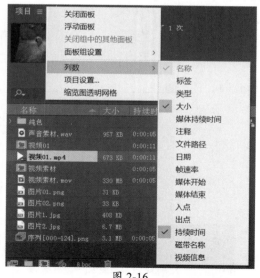

图 2-16

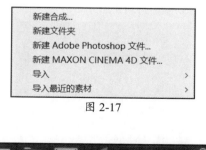

图 2-17

图 2-18

（1）【解释素材】按钮：单击该按钮，则会弹出【解释素材】对话框。在【解释素材】

对话框中，可以设置素材的帧速率、开始时间和像素长宽比等，如图 2-19 所示。

（2）【新建文件夹】按钮：单击该按钮，可以在【项目】面板中创建一个文件夹，用于分类和管理各类素材。

（3）【新建合成】按钮：单击该按钮，则会弹出【合成设置】对话框，如图 2-20 所示。也可以直接将素材拖曳到该按钮上，从而快速创建一个与素材尺寸相同的合成。

（4）【项目设置】按钮：单击该按钮，则会弹出【项目设置】对话框，并显示【视频渲染和效果】选项卡。可以在【视频渲染和效果】选项卡中，调整项目的渲染设置。

（5）【颜色深度】按钮：单击该按钮，则会弹出【项目设置】对话框，并显示【颜色】选项卡，如图 2-21 所示。可以在【颜色】选项卡中，设置颜色深度。

（6）【删除】按钮：选择需要删除的素材或文件夹，单击该按钮即可完成删除操作。或者将要删除的素材或文件夹，拖曳到该按钮上，即可完成删除操作。

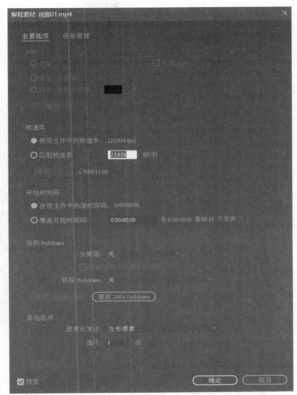

图 2-19

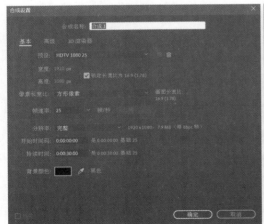

图 2-20

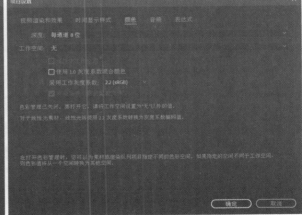

图 2-21

2.3.2 【合成】面板

【合成】面板是显示视频效果的预览区域，还可以对视频进行可视化编辑，如图 2-22 所示。【合成】面板所显示的内容是项目最终效果的主要参考依据。【合成】面板不仅用于显示图像效果，也是重要的操作区域。我们可以直接使用【工具】面板中的工具，在【合成】面板上进行编辑操作。在【合成】面板中，还可以调整各个图层的位置、缩放和旋转等属性。

一、右键菜单

在【合成】面板的空白处单击鼠标右键，可以快速显示【新建】、【合成设置】和【在项目中显示合成】等常用命令，如图 2-23 所示。

图 2-22   图 2-23

※ 主要命令详解

- 【新建】：可以创建一个【文本】、【灯光】、【形状图层】和【调整图层】等。
- 【合成设置】：可以打开【合成设置】对话框。
- 【在项目中显示合成】：可以把合成图层在【项目】面板显示。
- 【重命名】：对项目重新命名。

二、功能栏

【合成】面板的最下方，具有一排常用的功能按钮，如图 2-24 所示。

图 2-24

※ 属性详解

- 【始终预览此视图】：按下该按钮，将始终预览当前的视图。
- 【主查看器】：使用此查看器进行音频和外部视频预览。
- 【Adobe 沉浸式环境】：可以调整【首选项】中的【视频预览】内容，选择沉浸式环境的模式。
- 【放大率弹出式菜单】 (100%)：用于设置合成图像的显示大小。在下拉列表中预设了多种显示比率，如果选择【适合】选项，软件会自动调整画面的显示比例，如图 2-25 所示。

在【合成】面板中滑动鼠标中键，可以对预览画面进行缩放操作。

● 【选择网格和参考线选项】：用于设置是否显示参考线和网格等辅助元素，如图 2-26 所示。

图 2-25

图 2-26

● 【切换蒙版和形状路径可见性】：用于设置蒙版和形状路径的可见性，如图 2-27 和图 2-28 所示。

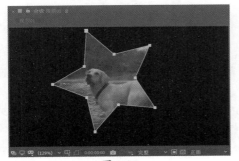

图 2-27

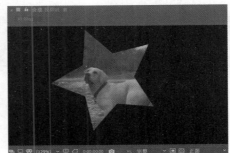

图 2-28

● 【预览时间】 0:00:00:00 ：用于显示【当前时间指示器】所处位置的时间信息。单击【预览时间】按钮，在弹出的【转到时间】对话框中，可以设置【当前时间指示器】的位置，如图 2-29 所示。

● 【拍摄快照】：单击该按钮，将保存当前时间的图像信息。

● 【显示快照】：单击该按钮，将显示快照的图像。

执行【编辑】>【清理】>【快照】菜单命令，可以将计算机内存中的快照删除。

● 【显示通道及色彩管理设置】：用于设置通道及色彩管理模式。在下拉列表中提供了多种通道模式，如图 2-30 所示。

● 【分辨率/向下采样系数弹出式菜单】 (完整) ：用于设置图像显示的分辨率。在下拉菜单中预设了多种显示方式，如图 2-31 所示。

通过更改分辨率参数，调整图像的显示质量，可以加快预渲染速度，显示质量不影响最终输出视频的渲染质量。

图 2-29　　　　　　　　　　　图 2-30　　　　　　　　　图 2-31

- 【目标区域】■：用于指定图像的显示范围。单击该按钮，可以显示一个矩形区域，只有矩形区域的图像才会显示出来，我们可以在【合成】面板中调整显示区域，如图 2-32 所示。这样可以加快影片的预览速度，只有矩形区域内的图像会被显示。
- 【切换透明网格】⊠：单击该按钮，背景将以透明网格进行显示，如图 2-33 所示。

图 2-32　　　　　　　　　　　　　　　　图 2-33

- 【3D 视图弹出式菜单】 活动摄像机 ∨ ：用于设置观察的角度。当将普通图层转换为三维图层并添加摄像机后，可以通过多个角度观察效果。
- 【选择视图布局】 1个_ ∨ ：用于设置视图显示的数量和不同的观察方式，多用于观察三维空间动画合成中素材的位置。
- 【切换像素长宽比校正】□：单击该按钮，将校正像素的长宽比。
- 【快速预览】▣：用于设置快速预览选项，在下拉列表中提供了多种渲染引擎，如图 2-34 所示。

- 【时间轴】▥：单击该按钮，将自动切换到【时间轴】面板中。
- 【合成流程图】▤：单击该按钮，将打开【流程图】窗口，可以清晰地查看合成中素材的相互关系。

图 2-34

- 【重置曝光度】↻：用于设置是否显示【调整曝光度】的可见性。
- 【调整曝光度】 +0.0 ：用于设置视图的曝光程度。

2.3.3　【时间轴】面板

　　【时间轴】面板是添加图层效果和制作动画的主要操作区域。在【时间轴】面板中可以管理图层顺序、设置素材的出点和入点位置、添加动画和效果、设置图层的混合模式等。左侧为控制面板区域，由图层的控件组成，右侧是时间轴图层的编辑区域，如图 2-35 所示。

在【时间轴】面板中底部的图层会首先进行渲染。

一、功能栏

【时间轴】面板的上方，有一排常用的功能按钮，如图2-36所示。

图2-35　　　　　　　　　　　　　　　　　　　　图2-36

- 【时间码】 : 用于显示【当前时间指示器】所在的位置。也可以激活【时间码】，输入数字即可调整【当前时间指示器】的位置。

- 【搜索栏】 : 用于搜索和查找图层及其他属性设置。
- 【合成微型流程图】 : 单击该按钮，可以快速查看合成嵌套关系。
- 【草稿3D】 : 单击该按钮，合成中的灯光、阴影和景深等效果将被忽略显示。
- 【隐藏图层】 : 用于设置是否隐藏设置了【消隐】开关的所有图层，如图2-37所示。
- 【帧混合】 : 单击该按钮，设置了【帧混合】开关的所有图层将启用帧混合效果，如图2-38所示。
- 【运动模糊】 : 单击该按钮，在【时间轴】面板中已经添加了运动模糊效果并且运动的图层将显示动态模糊效果，如图2-39所示。

图2-37

图2-38

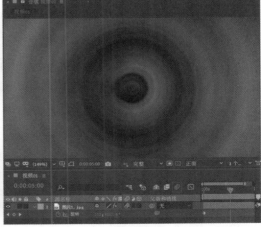

图2-39

- 【图表编辑器】 : 用来切换【时间轴】操作区域的显示方式，如图2-40所示。

二、展开区域

在【时间轴】面板的左下方，有三个功能按钮，可以展开或折叠【时间轴】面板中的相关属性，如图 2-41 所示。

- 【图层开关】：可以展开或折叠【图层开关】区域，如图 2-42 所示。

- 【转换控制】：可以展开或折叠【转换控制】区域，如图 2-43 所示。

图 2-40

- 【入点/出点/持续时间/伸缩】：可以展开或折叠【入点/出点/持续时间/伸缩】区域，如图 2-44 所示。在这个区域中，可以调整素材的持续时长和播放速度。

图 2-41

图 2-42

图 2-43

图 2-44

提示和小技巧

【图层开关】区域和【转换控制】区域可以使用快捷键【F4】进行切换。

2.3.4 【工具】面板

【工具】面板是放置常用工具的区域，如图 2-45 所示。

图 2-45

- 【选取工具】：快捷键是【V】，主要在【合成】面板中使用，选择和调整素材等操作。

- 【手形工具】：快捷键是【H】，主要用于移动视图的位置。

提示和小技巧

除在输入文字状态外，一般情况下，只要按住【空格】键，即可使用【手形工具】。

- 【缩放工具】：快捷键是【Z】，主要用于放大或缩小素材的显示比例。

提示和小技巧

在【合成】面板中，按住【Shift】键，然后用鼠标圈出一个矩形区域，则该区域将被放大。
按住【Alt】键单击，则会缩小显示画面。

- 【旋转工具】：快捷键是【W】，主要用于旋转素材。
- 【摄像机工具】：快捷键是【C】，主要用于操控摄像机。按住鼠标左键是旋转摄像机镜头，按住鼠标右键是推拉摄像机镜头。一般这些操作主要针对三维图层。
- 【向后平移（锚点）工具】：快捷键是【Y】键，主要用于调整素材的锚点中心。
- 【形状工具】：快捷键是【Q】，根据预设形状创建一个图形。
- 【钢笔工具】：快捷键是【G】，用于绘制遮罩和各种图形。
- 【文本工具】：快捷键是【Ctrl＋T】，用于添加文字。
- 【画笔工具】：快捷键是【Ctrl＋B】，绘画工具。
- 【仿制图章工具】：快捷键是【Ctrl＋B】，可以从一个位置和时间复制像素值，对像素进行采样，然后将其应用于另一个位置和时间。
- 【橡皮擦工具】：快捷键是【Ctrl＋B】，可以用来擦除图像。
- 【Roto 笔刷工具】：快捷键是【Alt＋W】，用于抠像，可将物体从背景中分离出来。
- 【人偶控点工具】：快捷键是【Ctrl＋P】，在绑定角色和图像变形等操作中使用。

2.3.5 【预览】面板

【预览】面板的主要功能是控制素材的播放方式，如图 2-46 所示。我们一般使用 RAM 方式进行预览，尽量使素材播放流畅，以便达到最终的输出效果。

2.3.6 【信息】面板

【信息】面板的主要功能是显示鼠标所在位置的图像颜色和坐标的信息，如图 2-47 所示。

图 2-46

图 2-47

2.3.7 【音频】面板

【音频】面板的主要功能是显示音频的信息，也可以简单调整声音，如图 2-48 所示。

2.3.8 【效果和预设】面板

【效果和预设】面板中包含了各种类型的滤镜效果，如图 2-49 所示。我们可以为图层直接调用这些滤镜效果。在 After Effects 软件的预设中提供了一些成品动画效果、图像过渡效果和声音效果等。

图 2-48   图 2-49

2.3.9 【字符】面板

【字符】面板的主要功能是设置文字的相关属性，包括字体、字号、颜色和行间距等，如图 2-50 所示。

2.3.10 【对齐】面板

【对齐】面板的主要功能是调整素材的对齐和分布方式，如图 2-51 所示。

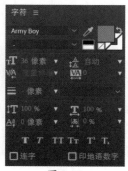

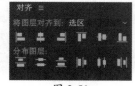

图 2-50   图 2-51

2.3.11 【段落】面板

【段落】面板的主要功能是设置文字的对齐方式，如图 2-52 所示。

2.3.12　【效果控件】面板

【效果控件】面板的主要功能是显示和调节图层效果的属性，如图 2-53 所示。

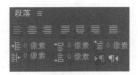

图 2-52

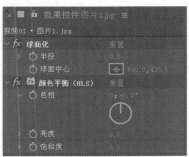

图 2-53

2.3.13　【图层】面板

【图层】面板的主要功能是对图层进行观察和设置，如图 2-54 所示。我们可以直接在【图层】面板中调整图层的入点和出点。

2.3.14　【素材】面板

【素材】面板的主要功能是对素材进行观察和设置，如图 2-55 所示。同样可以直接在【素材】面板中调整素材的入点和出点。

图 2-54

图 2-55

2.3.15　【画笔】面板

【画笔】面板的主要功能是设置画笔自身的直径、角度、硬度和间距等属性，如图 2-56 所示。

2.3.16 【绘画】面板

【绘画】面板的主要功能是设置【画笔】工具、【仿制图章】工具、【橡皮擦】工具的颜色、透明度和流量等属性，如图 2-57 所示。

图 2-56

图 2-57

2.3.17 【动态草图】面板

【动态草图】面板的主要功能是记录图层的位置移动信息。当要制作一个位置运动的动画效果时，如果图层对象的运动轨迹比较复杂，可以移动鼠标并自动记录移动信息，如图 2-58 所示。

2.3.18 【平滑器】面板

【平滑器】面板的主要功能是使关键帧之间的动画效果过渡得更加平滑，如图 2-59 所示。在具有多个关键帧的动画中，可以通过平滑器面板对关键帧进行平滑处理。

图 2-58

图 2-59

2.3.19 【摇摆器】面板

在【摇摆器】面板可以在关键帧之间进行随机插值，产生随机运动效果，如图 2-60 所示。

2.3.20 【蒙版插值】面板

在【蒙版插值】面板可以创建平滑的蒙版变形动画效果，使蒙版形状的改变更加流畅，如图 2-61 所示。

图 2-60

图 2-61

2.3.21 【跟踪器】面板

在【跟踪器】面板可以追踪摄像机和画面上某些特定目标的运动，也可以实现画面的稳定效果，如图 2-62 所示。

2.3.22 【Lumetri 范围】面板

【Lumetri 范围】面板主要用于显示视频颜色的范围，如图 2-63 所示。

图 2-62

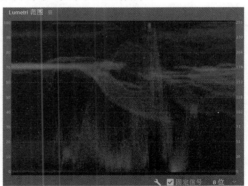

图 2-63

2.3.23 【媒体浏览器】面板

【媒体浏览器】面板的主要功能是快速浏览计算机中的素材文件，方便预览文件和快速导入文件到项目中，如图 2-64 所示。

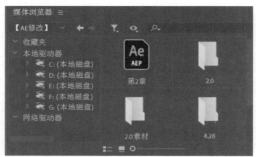

图 2-64

2.3.24 【流程图】面板

【流程图】面板用于显示项目或合成中合成、素材和图层组件之间的关系,如图 2-65 所示。在【流程图】面板中,方框代表着合成、素材和图层组件,方向箭头表示组件之间的关系。

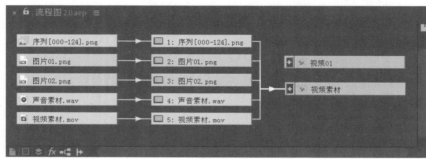

图 2-65

2.3.25 【基本图形】面板

在【基本图形】面板可以为合成创建控件并将其共享为动态图形模板,如图 2-66 所示。

2.3.26 【元数据】面板

【元数据】面板用于显示静态元数据。项目元数据显示在该面板的顶部,文件元数据显示在底部,如图 2-67 所示。

图 2-66

图 2-67

2.4 软件菜单

After Effects 2020 软件的菜单栏包含 9 个菜单选项，分别为【文件】、【编辑】、【合成】、【图层】、【效果】、【动画】、【视图】、【窗口】和【帮助】，如图 2-68 所示。

Ae Adobe After Effects 2020 - C:\Users\YS0002\Desktop\2.0.aep *

文件(F) 编辑(E) 合成(C) 图层(L) 效果(T) 动画(A) 视图(V) 窗口 帮助(H)

图 2-68

2.4.1 【文件】菜单

【文件】菜单中的命令主要是处理文件、项目和素材的一些基础操作，例如新建、保存和导入等，如图 2-69 所示。

2.4.2 【编辑】菜单

【编辑】菜单中的命令主要是一些常规操作，例如剪切、复制和全选等，如图 2-70 所示。

文件(F) 编辑(E) 合成(C) 图层(L) 效果(T) 动画(A)

新建(N)	>
打开项目(O)...	Ctrl+O
打开团队项目...	
打开最近的文件	
在 Bridge 中浏览...	Ctrl+Alt+Shift+O
关闭(C)	Ctrl+W
关闭项目	
保存(S)	Ctrl+S
另存为(S)	>
增量保存	Ctrl+Alt+Shift+S
恢复(R)	
导入(I)	>
导入最近的素材	>
导出(X)	>
从 Adobe 添加字体...	
Adobe Dynamic Link	>
查找	Ctrl+F
将素材添加到合成	Ctrl+/
基于所选项新建合成	Alt+\
整理工程(文件)	>
监视文件夹(W)...	
脚本	>
创建代理	>
设置代理(Y)	>
解释素材(G)	>
替换素材(E)	>
重新加载素材(L)	Ctrl+Alt+L
许可...	
在资源管理器中显示	
在 Bridge 中显示	
项目设置...	Ctrl+Alt+Shift+K
退出(X)	Ctrl+Q

图 2-69

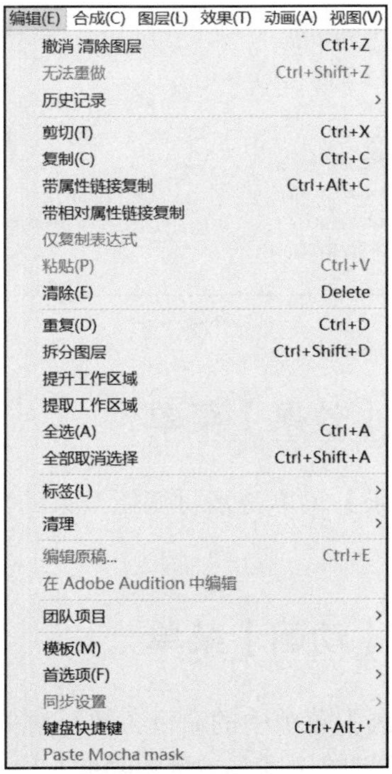

编辑(E) 合成(C) 图层(L) 效果(T) 动画(A) 视图(V)

撤消 清除图层	Ctrl+Z
无法重做	Ctrl+Shift+Z
历史记录	>
剪切(T)	Ctrl+X
复制(C)	Ctrl+C
带属性链接复制	Ctrl+Alt+C
带相对属性链接复制	
仅复制表达式	
粘贴(P)	Ctrl+V
清除(E)	Delete
重复(D)	Ctrl+D
拆分图层	Ctrl+Shift+D
提升工作区域	
提取工作区域	
全选(A)	Ctrl+A
全部取消选择	Ctrl+Shift+A
标签(L)	>
清理	>
编辑原稿...	Ctrl+E
在 Adobe Audition 中编辑	
团队项目	>
模板(M)	>
首选项(F)	>
同步设置	>
键盘快捷键	Ctrl+Alt+'
Paste Mocha mask	

图 2-70

2.4.3 【合成】菜单

【合成】菜单中的命令主要是对合成文件的一些设置，例如新建合成、合成设置、预览和预渲染等，如图 2-71 所示。

2.4.4 【图层】菜单

【图层】菜单中的命令主要是对图层进行一些设置，例如打开图层、新建、混合模式和排列等，如图 2-72 所示。

图 2-71

图 2-72

2.4.5 【效果】菜单

【效果】菜单是素材滤镜效果的集合，包含了颜色校正效果和过渡效果等，如图 2-73 所示。

2.4.6 【动画】菜单

【动画】菜单中的命令主要是对关键帧和镜头跟踪动画效果进行一些设置，例如添加关键帧、关键帧速度、关键帧辅助、跟踪运动和显示动画的属性等，如图 2-74 所示。

图 2-73

图 2-74

2.4.7 【视图】菜单

　　【视图】菜单中的命令主要用于调整视图的显示方式，例如分辨率、显示参考线、显示网格、显示图层控件等，如图 2-75 所示。

2.4.8 【窗口】菜单

　　【窗口】菜单中的命令主要是对窗口、面板和工作区进行一些设置，例如选择某个工作区、打开或关闭某个面板等，如图 2-76 所示。

2.4.9 【帮助】菜单

　　【帮助】菜单中的命令用于显示当前的版本信息、脚本帮助、表达式引用、效果参考、动画预设、键盘快捷键和登录等，如图 2-77 所示。

图 2-75

图 2-76

图 2-77

2.5 首选项

【首选项】就是 After Effects 软件加载的许多默认的属性设置，例如帧速率、预览分辨率和界面颜色等。【首选项】的许多命令被修改后，只有重新打开新项目的时候才会加载这些设置更改。

执行【编辑】>【首选项】菜单命令，即可打开【首选项】对话框。在【首选项】对话框中包含了 18 个选项卡，分别是【常规】、【预览】、【显示】、【导入】、【输出】、【网格和参考线】、【标签】、【媒体和磁盘缓存】、【视频预览】、【外观】、【新建项目】、【自动保存】、【内存】、【音频硬件】、【音频输出映射】、【同步设置】、【类型】和【脚本和表达式】，如图 2-78所示。

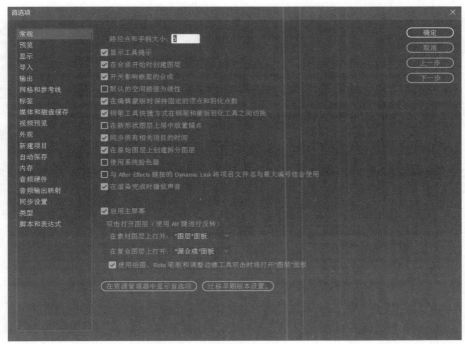

图 2-78

CHAPTER 3

项目制作

本章导读

本章将系统地讲解素材合成的制作流程，包括创建项目、导入素材、管理素材、合成设置、应用效果、预览效果和渲染输出等制作环节。通过本章的学习，大家能够初步掌握项目制作的基本流程，为后续章节的学习奠定良好的基础。

学习要点

- ☑ 创建项目
- ☑ 导入素材
- ☑ 管理素材
- ☑ 合成设置
- ☑ 效果应用
- ☑ 效果预览
- ☑ 渲染输出
- ☑ 综合实战：动态 Logo 合成

3.1　创建项目

After Effects 项目是一个文件，是用于存储项目合成和素材的工程文件。After Effects 项目文件使用的文件扩展名是".aep"或".aepx"。

3.1.1　新建项目

首次对一组素材进行编辑时，要创建一个项目文件。常用的创建项目文件的方法如下：

① 启动 After Effects 软件，在【主页】界面单击【新建项目】按钮，即可创建一个新的工程项目，如图 3-1 所示。

② 执行【文件】>【新建】>【新建项目】菜单命令，也可以创建一个新的项目。

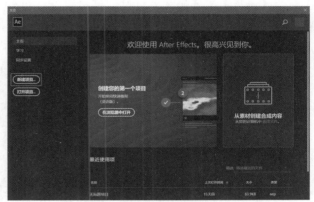

图 3-1

3.1.2　项目设置

创建项目后，用户可以对这个新项目进行设置。执行【文件】>【项目设置】菜单命令，在【项目设置】对话框中可以更改项目的【时间显示样式】、【颜色】和【音频】等属性，如图 3-2 所示。

3.1.3　保存项目

编辑好项目后，需要保存项目，方便文件传输和以后的再次编辑。常用的保存项目的方法如下。

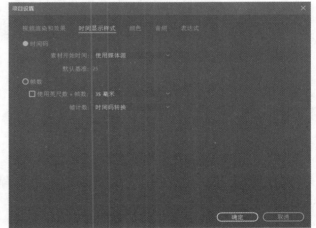

图 3-2

① 执行【文件】>【保存】菜单命令，可以保存项目，快捷键是【Ctrl+S】。

② 使用【另存为】命令，则可以重新设置新项目文件的名称和存储位置。使用【另存为】命令，可执行【文件】>【另存为】>【另存为】菜单命令，快捷键是【Ctrl+Shift+S】。执行【另存为】命令后，打开的项目为另存后的项目文件，另存前的项目文件保持不变。

③ 使用【保存副本】命令，可以重新设置副本项目文件的名称和存储位置。使用【保存副本】命令，可执行【文件】>【另存为】>【保存副本】菜单命令。打开的项目保留其原始名称和位置，副本文件不影响源文件。

项目中如果用到了 After Effects 软件当前版本的新增功能，在另存为旧版格式时，这些新增功能会被忽略掉。

3.1.4　打开项目

如果要对之前创建并保存过的项目进行再次编辑，则打开之前存在的项目即可。常用的打开项目的方法如下：

① 在【主页】界面单击要打开的项目即可，如图 3-3 所示。

② 执行【文件】>【打开项目】菜单命令，在【打开】对话框中查找项目路径，找到项目后，单击【打开】按钮即可。

图 3-3

3.2　导入素材

在 After Effects 项目中导入素材，并不是将源素材文件复制到项目中，而只是通过源素材的引用链接，将源素材的信息引入 After Effects 软件，相当于源素材文件的镜像。当源素材的画面发生改变时，项目中素材的画面也会发生相应的变化。

如果对源素材文件进行删除、重命名或改变位置，该素材的引用链接将会断开，项目素材会显示为缺失状态。断开引用链接的素材，在【项目】面板中的信息显示为斜体，路径显示为"缺失"，图像信息显示为彩条，如图 3-4 所示。

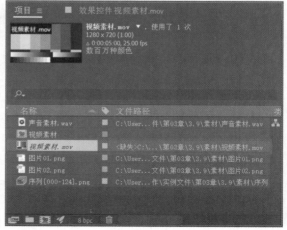

图 3-4

在【项目】面板中双击断开引用链接的素材，重新查找路径，建立引用链接即可恢复使用。

3.2.1 支持的导入格式

在 After Effects 软件中可以导入大部分的音频、视频和图像格式的文件，例如文件扩展名为 JPEG、MOV、AVI、MXF、FLV 或 F4V 等格式的文件。但并不表示特定的音频、视频或图像数据格式一定会被导入，导入所包含的数据的能力，取决于安装的解码器。通过安装额外的编解码器和插件，可以扩展 After Effects 软件的支持格式类型。

提示和小技巧

一般会安装 Quick Time Player 等软件，来扩展 After Effects 软件的支持格式类型。

3.2.2 导入素材的方法

一、导入文件

常规导入素材的方法是通过【导入文件】对话框。在【导入文件】对话框中，选择要导入的素材，然后单击【导入】按钮，即可完成导入操作，如图 3-5 所示。常用的打开【导入文件】对话框的方法如下：

① 执行【文件】>【导入】>【文件】菜单命令，快捷键是【Ctrl+I】。
② 在【项目】面板的空白处，单击鼠标右键，在弹出的快捷菜单中选择【导入】>【文件】命令。
③ 双击【项目】面板的空白处，即可弹出【导入文件】对话框。

提示和小技巧

配合使用快捷键【Shift】和【Ctrl】，可以同时选择和导入多个文件。

二、导入文件夹素材

要想将一个文件夹中的全部素材导入到项目中。只须在【导入文件】对话框中，选择该文件夹，然后单击【导入文件夹】按钮即可，如图 3-6 所示。

图 3-5

图 3-6

三、导入多个文件

执行【多个文件】命令，将连续多次使用【导入多个文件】对话框导入素材，素材全部导入后，单击对话框中的【完成】命令，即可完成多个素材的导入操作，如图 3-7 所示。执行【多个文件】命令的方法如下。

① 执行【文件】>【导入】>【多个文件】菜单命令，快捷键是【Ctrl+ Alt +I】。

② 在【项目】面板的空白处，单击鼠标右键，在弹出的快捷菜单中选择【导入】>【多个文件】命令。

图 3-7

四、拖曳导入素材

在【资源管理器】中选择要导入的素材文件，然后直接拖曳到【项目】面板、【时间轴】面板或【合成】面板中，也可以完成导入素材的操作。导入的素材会在【项目】面板中显示。

在【资源管理器】中，直接拖曳文件夹到【项目】面板时，文件夹的内容会成为图像序列。按住【Alt】键的同时拖曳文件夹，文件夹内容将作为单个素材项目使用，并且会在【项目】面板中自动建立一个新的对应的文件夹。

五、导入序列素材

序列素材是一种常用的视频素材保存形式，文件由多个单帧图像组成。将这些序列图像快速连续播放的时候，可以形成动画效果。这些序列文件必须位于同一文件夹，命名连续的文件。

导入序列素材时，只须选择这些文件的首个文件，并勾选对话框中的导入序列选项即可，例如 JPEG 序列、Targa 序列和 PNG 序列等，如图 3-8 所示。

提示和小技巧

序列导入时默认的帧速率为 30 帧/秒，可以通过执行【编辑】>【首选项】>【导入】菜单命令，更改导入序列素材的默认帧速率，如图 3-9 所示。重新设置后再次导入素材时，将按照当前设置的帧速率进行导入。

对于已经导入到【项目】面板中的素材，也可以通过【解释素材】命令改变素材的帧速率。

图 3-8

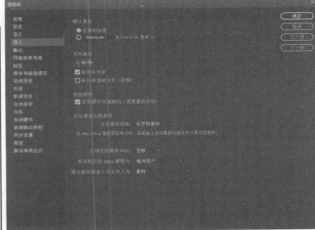

图 3-9

六、导入包含图层的素材

当导入 Photoshop 软件生成的 PSD 文件和 Illustrator 软件生成的 AI 文件时，After Effects 软件会保留文件的图层信息。

在导入包含图层的 PSD 文件时，可以以合并图层的方式进行导入，或者单独导入 PSD 文件的每个图层，如图 3-10 所示。在【导入种类】的下拉列表框中有三种模式可供选择，分别是"素材"、"合成"和"合成-保持图层大小"。选择的模式不同，导入的效果也会有不同。

以素材方式导入文件时，在【图层选项】组中要选择【合并的图层】或【选择图层】中的一种。选择【合并的图层】选项导入时，After Effects 软件会将原

图 3-10

始文件中的所有图层合并成一个新的图层。选择【选择图层】选项导入时，用户可以选择文件中需要导入的图层，还可以选择素材的尺寸为"文档大小"或"图层大小"。

以合成方式导入素材时，会将整个素材作为一个合成。在合成中，原始图层的信息将被最大程度地保留。以合成方式进行导入分为"合成"和"合成-保持图层大小"两种方式。选择"合成"选项导入时，每层素材的尺寸取自文档尺寸。选择"合成-保持图层大小"选项导入时，每层素材的尺寸取自自身非透明区域的大小，即每层素材本身的尺寸大小。

七、导入软件项目

在 After Effects 软件中，可以将 After Effects 项目文件、Premiere 项目文件和 Cinema 4D 项目文件，作为素材导入项目中使用。After Effects 项目文件不可以导入自身的项目中。

> **提示和小技巧**
>
> 在将 Premiere Pro 项目导入到 After Effects 软件后，并不会保留该项目的所有功能。只保留在 Premiere Pro 与 After Effects 之间进行复制和粘贴时所使用的相同功能。如果 Premiere Pro 项目中的一个或多个序列，已经动态链接到 After Effects 中，则 After Effects 软件将无法导入此 Premiere Pro 项目。

3.3 管理素材

掌握良好的素材管理方法，可以更有效地优化制作步骤，提高制作效率。尤其在团队合作或制作复杂项目的时候，有效的素材管理尤为重要。

3.3.1 删除素材

删除【项目】面板中不需要的素材或文件夹，可以增加【项目】面板的操作空间，简化项目管理，方便素材的选择。在执行删除素材的命令后，After Effects 软件会弹出相应的提示对话框，如图 3-11 所示。在对话框中确认删除素材后，才算完成删除操作。弹出提示对话框后，如果想取消删除操作，按【Esc】键即可。

常用的删除素材的方法如下：

① 选择要删除的素材或文件夹，然后按【Delete】键或【Backspace】键。

② 选择要删除的素材或文件夹，然后单击【项目】面板中的【删除所选项目项】按钮，如图 3-12 所示。

图 3-11   图 3-12

③ 选择要删除的素材或文件夹，然后将其拖曳到【项目】面板中的【删除所选项目项】按钮上。

④ 执行【文件】>【整理工程（文件）】>【整合所有素材】菜单命令。这样可以删除【项目】面板中重复导入的素材。

⑤ 执行【文件】>【整理工程（文件）】>【删除未用过的素材】菜单命令。这样可以删除【项目】面板中没有应用到的全部素材。

3.3.2 替换素材

在制作项目时，可以使用一个素材替换另一个素材，同时不影响源素材的编辑效果。替换素材的方法有以下 2 种。

① 在【项目】面板中，选择要替换的素材，然后执行【文件】>【替换素材】>【文件】菜单命令，在弹出的【替换素材文件】对话框中，选择替换素材即可。

② 在【项目】面板中，选择要替换的素材，单击鼠标右键，在弹出的快捷菜单中选择【替换素材】>【文件】命令。在弹出的【替换素材文件】对话框中，选择替换素材即可。

3.3.3　排序素材

【项目】面板中的素材是按照一定的顺序进行排列的。素材可以按照【名称】、【标签】、【类型】、【大小】和【帧速率】等类别进行排列。单击【项目】面板中类别的列标题，素材会根据列标题所代表的类别进行排序。

例如，单击【类型】列标题，素材会按照类型的不同进行排列，如图 3-13 所示。通过单击列标题，可以改变素材排列的顺序是升序还是降序。

3.3.4　解释素材

如果导入【项目】面板中的素材与预想的不同，可以在【解释素材】对话框中，更改素材的帧速率、开始时间和像素长宽比等属性，从而使素材达到满意的状态，如图 3-14 所示。打开【解释素材】对话框的方法有以下 2 种。

① 选择素材后，执行【文件】>【解释素材】>【主要】菜单命令。

② 选择素材后，单击【项目】面板底部的【解释素材】按钮。

图 3-13　　　　　　　　　　　　　　　图 3-14

在【解释素材】对话框中，包括【Alpha】、【帧速率】、【开始时间码】、【场和 Pulldown】

和【其他选项】等选区。

一、Alpha

用于设置一些包含 Alpha 通道信息的素材，例如 TIFF 文件素材、PNG 文件素材或 Targa 文件素材等。

- 【忽略】：选择该单选按钮，将忽略素材中的 Alpha 通道信息。
- 【反转 Alpha】：勾选该复选框，将会反转 Alpha 通道信息。
- 【直接-无遮罩】：透明度信息只存储在 Alpha 通道中，而不存储在任何可见的颜色通道中。选择该单选按钮，仅在支持直接通道的应用程序中显示图像时才能看到透明度结果。
- 【预乘-有彩色遮罩】：透明度信息既存储在 Alpha 通道中，也存储在可见的颜色通道中，后者将显示透明度信息与背景颜色信息相乘后的结果。半透明区域（如羽化边缘）的颜色会受到背景颜色的影响，偏移度与其透明度成比例，可以使用吸管工具或拾色器设置预乘通道的背景颜色。例如，如果通道实际是预乘通道而被解释成直接通道，则半透明区域将保留一些背景颜色。

二、帧速率

帧速率用于确定每秒显示的帧数，以及设置关键帧时所依据的时间划分的方法。

- 【使用文件中的帧速率】：选择该单选按钮，素材将使用默认的帧速率进行播放。
- 【假定此帧速率】：选择该单选按钮，素材将以指定的帧速率播放。

三、开始时间码

- 【使用文件中的源时间码】：选择该单选按钮，素材将会使用文件中的源时间码进行显示。
- 【覆盖开始时间码】：选择该单选按钮，可以设置素材开始的时间码。

四、场和 Pulldown

- 【分离场】：用于选择视频场扫描的方式和优先顺序。该下拉列表框中包含 3 个选项，分别是【关】、【高场优先】和【低场优先】。
- 【保留边缘（仅最佳品质）】：勾选该复选框，在最佳品质下渲染的时候，可以提高非移动区域的图像品质。
- 【移除 Pulldown】：用于设置移除 Pulldown 的方式。
- 【猜测 3:2 Pulldown】：当将 24 帧/秒的视频转为 29.97 帧/秒的视频时，可使用 3:2 Pulldown（3:2 下变换自动预测）的过程。在该过程中，视频中的帧将以重复的 3:2 模式跨视频场分布。这种方式将产生全帧和拆分场帧。在此操作开始之前，用户需要先将场分离为高场优先或低场优先。一旦分离了场，After Effects 软件就可以分析素材，并确定正确的 3:2 Pulldown 相位和场序。
- 【猜测 24Pa Pulldown】：单击该按钮，移除 24Pa Pulldown。

五、其他选项

- 【像素长宽比】：用于设置素材像素的长宽比。
- 【循环】：用于设置素材的循环次数。

当多个素材文件使用相同的解释设置时，可以通过复制一个素材文件的解释设置，并应用于其他文件。在【项目】面板中，先选择需要复制解释设置的素材，执行【文件】>【解释素材】>【记住解释】菜单命令。然后，在【项目】面板中，选择一个或多个需要应用解释设置的素材文件，执行【文件】>【解释素材】>【应用解释】菜单命令即可。

3.3.5 重命名素材

在【项目】面板中，对素材重新命名，可以达到方便查找或管理的目的。常用的重命名素材的方法如下：
① 选择要重命名的素材，单击鼠标右键，在弹出的快捷菜单中选择【重命名】命令。
② 选择要重命名的素材，按【Enter】键。

3.3.6 文件夹管理

在【项目】面板中可以使用文件夹，将素材进行分类管理，方便使用。常用的创建文件夹的方法如下：
① 执行【文件】>【新建】>【新建文件夹】菜单命令，可以在【项目】面板中创建一个新的文件夹。
② 在【项目】面板的空白处，单击鼠标右键，在弹出的快捷菜单中选择【新建文件夹】命令。
③ 单击【项目】面板右下方的【新建素材箱】按钮，如图 3-15 所示。
④ 在【项目】面板中，选择要放入文件夹中的素材，并将其拖曳到【新建素材箱】按钮上。

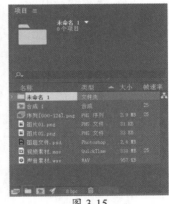

图 3-15

3.4 合成设置

合成是一个包含视频素材、音频素材、文本素材、图形素材和图像素材等多种类型素材图层的总合，类似于 Premiere Pro 中的序列。一个工程项目会包含一个或多个合成。

3.4.1 创建合成

创建合成主要包含两种类型，一种是创建空白合成，另一种是基于素材创建合成。合成创建后会显示在【项目】面板中。

一、创建空白合成

创建空白合成，就是先创建一个设置好的空白合成，然后再将素材放入该合成中。常用的创建空白合成的方法如下。

① 执行【合成】>【新建合成】菜单命令，
快捷键是【Ctrl+N】。

② 在空的【合成】面板中，单击【新建合
成】按钮，如图 3-16 所示。

③ 在【项目】面板的空白处，单击鼠标右
键，在弹出的快捷菜单中选择【新建合
成】命令。

④ 单击【项目】面板底部的【新建合成】
按钮，如图 3-17 所示。

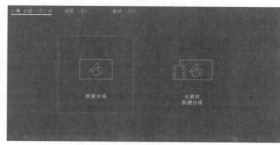

图 3-16

⑤ 执行【新建合成】命令后，会弹出【合成设置】对话框。在【合成设置】对话框中，可
以设置空白合成的属性参数，如图 3-18 所示。在【合成设置】对话框中，除了【基本】
选项卡，还有【高级】选项卡和【3D 渲染器】选项卡，如图 3-19、图 3-20 所示。

图 3-17

图 3-18

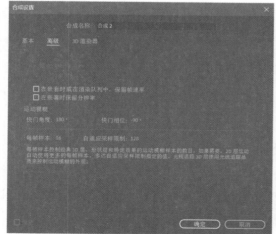

图 3-19

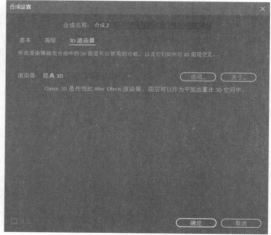

图 3-20

※ 属性详解

在基本选项卡下：

- 【合成名称】：用于设置合成的名称。
- 【预设】：用于选择预设的合成参数。在下拉列表框中，提供了大量的合成预设选项。用户可以通过直接选择预设参数，快速设置合成的类型。
- 【宽度】：用于设置合成的宽度尺寸，单位为像素。
- 【高度】：用于设置合成的高度尺寸，单位为像素。
- 【锁定长宽比】：勾选该复选框后，在改变宽度或高度属性时，系统会根据当前宽度和高度的比例自动调整另一个属性参数。取消勾选该复选框后，可自定义宽度和高度的属性参数，不受比例约束。
- 【像素长宽比】：用于设置单个像素的长宽比例，在下拉列表框中可以选择预设的像素长宽比。
- 【帧速率】：用于设置合成项目的帧速率。
- 【分辨率】：用于设置进行视频效果预览的分辨率，在下拉列表框中包含 5 个选项，分别是【完整】、【二分之一】、【三分之一】、【四分之一】和【自定义】。通过降低预览视频的质量，可以提高渲染速度，预览视频的分辨率不影响最终的渲染品质。
- 【开始时间码】：用于设置项目开始的时间，默认情况下从 0:00:00:00 开始。
- 【持续时间】：用于设置合成的时间总长度。
- 【背景颜色】：用于设置默认情况下【合成】面板的背景颜色。

在高级选项卡下：

- 【锚点】：用于设置合成图像的中心点。
- 【在嵌套时或在渲染队列中，保留帧速率】：勾选该复选框，在进行嵌套合成或在渲染队列中，将使用 After Effects 软件默认的合成帧速率。
- 【快门角度】：用于设置快门的角度。
- 【快门相位】：用于设置快门相位。快门相位用于定义一个相对帧开始位置的偏移量。
- 【每帧样本】：用于控制 3D 图层、形状层和特定效果的运动模糊的样本的数目。
- 【自适应采样限制】：用于设置二维图层运动，自动使用的每帧样本取样的极限值。

在 3D 渲染器选项卡下：

- 【渲染器】：用于设置渲染引擎。所选渲染器确定合成中的 3D 图层可以使用的功能，以及如何与 2D 图层交互。在下拉列表框中，包括【经典 3D】和【CINEMA 4D】2 个选项。

二、基于素材创建合成

基于素材创建合成就是根据【项目】面板中所选素材的尺寸和时间长度为依据，创建新的合成。基于素材创建合成还分为基于单个素材创建单个合成、基于多个素材创建单个合成、基于多个素材创建多个合成三种情况。

常用的基于素材创建合成的方法如下。

① 选择用于创建合成的单个或多个素材，将其拖曳到【项目】面板底部的【新建合成】按钮上。

② 选择用于创建合成的单个或多个素材，执行【文件】>【基于所选项新建合成】菜单命令，快捷键是【Alt+\】。

③ 选择用于创建合成的单个或多个素材，单击鼠标右键，在弹出的快捷菜单中选择【基于所选项新建合成】命令。

选择素材，执行完基于所选项新建合成的操作后，会弹出【基于所选项新建合成】对话框。在【基于所选项新建合成】对话框中，可以设置新建合成的属性参数，如图 3-21 所示。

图 3-21

※ 属性详解

● 【创建】：用于设置新建合成的创建方式。

● 【单个合成】：选择该单选按钮，系统会将多个素材放置在一个合成中。

● 【多个合成】：选择该单选按钮，系统会为这些素材依次创建单个合成。

● 【选项】：用于设置合成的大小和时间等参数。

● 【使用尺寸来自】：用于设置新建合成尺寸的来源。

● 【静止持续时间】：用于设置合成的静帧素材的持续时间。

● 【添加到渲染队列】：勾选该复选框，合成将被添加到渲染队列中。

● 【序列图层】：勾选该复选框，可以设置序列图层的排列方式。

● 【重叠】：勾选该复选框，可以设置素材的重叠时间及过渡方式。

3.4.2 嵌套合成

嵌套合成就是一个合成包含在另一个合成中。嵌套合成作为一个素材会被应用到其他合成当中，如图 3-22 所示。嵌套合成有时也会成为预合成。

图 3-22

3.5 效果应用

After Effects 软件内置了多种效果，这些效果可以应用到图层来改变视频、音频、文本、图形和图像的特性，从而得到新的视听效果。这些效果可以改变图像的颜色、扭曲图像、改变声音、制作模糊效果或添加过渡效果。

此外，还可以通过添加外挂效果来丰富软件的制作手段。用户还可以自主添加效果至 After Effects 软件，所有的效果都保存在 Adobe\Adobe After Effects 2020\Support Files\Plug-ins 文件夹中，在重启软件后，After Effects 软件会在"增效工具"文件夹及其子文件夹中搜索所有安装的效果，并将它们添加到【效果】菜单和【效果和预设】面板中。

3.5.1　添加效果

　　添加的效果会应用于图层，从而改变图层中素材的效果。常用的添加效果的方法如下。

① 要将效果应用于单个图层，可以将效果从【效果和预设】面板拖曳到【时间轴】面板的图层上、【效果控件】面板和【合成】面板中，如图 3-23、图 3-24 和图 3-25 所示。

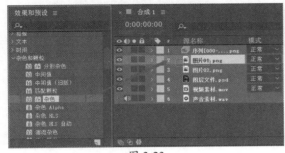

图 3-23

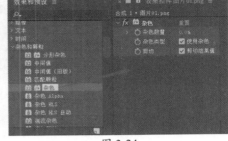

图 3-24

② 在【时间轴】面板中选择要添加效果的图层，然后双击【效果和预设】面板中要添加的效果。

③ 在【时间轴】面板中选择要添加效果的图层，然后执行【效果】列表中对应的效果命令。

④ 在【时间轴】面板中选择要添加效果的图层，单击鼠标右键，在弹出的快捷菜单中选择【效果】列表中对应的效果命令。

⑤ 在图层【效果控件】面板的空白处，在右键菜单中选择对应的效果命令。

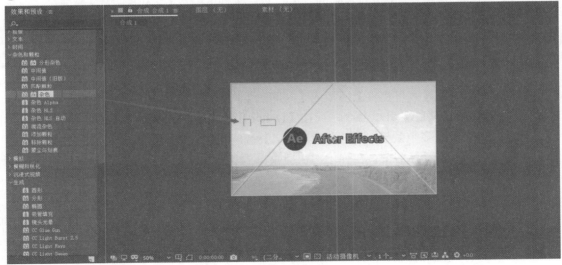

图 3-25

3.5.2　编辑效果

　　为图层添加效果后，可以在【效果控件】面板或【时间轴】面板中编辑效果属性，如图 3-26 所示。也可以在【图层】面板或【合成】面板中，通过移动效果控制点来调整一些效果的属性，如图 3-27 所示。

提示和小技巧

快速查看图层效果编辑后的变化，选择图层，然后双击【U】键，会显示被编辑过的效果属性。单击【U】键会显示包含关键帧动画的效果属性。

图 3-26

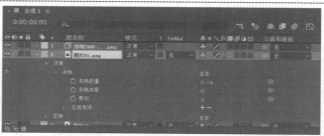

图 3-27

3.5.3 复制效果

要将编辑过的效果从一个图层复制到其他图层，可以先在【效果控件】面板或【时间轴】面板中单击该效果的标题，选中要复制的效果，如图 3-28 所示。然后执行【编辑】>【复制】菜单命令，再选择目标图层，最后执行【编辑】>【粘贴】菜单命令即可。

在同一图层复制效果时，先要在【效果控件】面板或【时间轴】面板中，选择图层中要复制的效果，然后执行【编辑】>【重复】菜单命令，或按快捷键【Ctrl + D】，即可完成同一图层复制效果的操作。

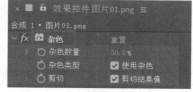

图 3-28

3.5.4 删除效果

要删除效果，在【效果控件】面板或【时间轴】面板中，选择图层中要删除的效果，然后执行【编辑】>【清除】菜单命令，或按【Delete】键或【Backspace】键。

若需要一次删除多个效果，可以按住【Ctrl】键依次加选效果后执行【清除】命令。选择某一种效果，单击鼠标右键，在弹出的快捷菜单中选择【全部移除】命令，可以删除该图层中所有的效果。

3.6 效果预览

通过预览可以快速查看项目制作的效果。用户可以预览合成的整体或局部，而无须输出最终渲染效果，有效地提高了工作效率。可以通过降低视频的分辨率，来提升预览的播放速度。

3.6.1 使用【预览】面板

通过【预览】面板预览效果，如图 3-29 所示。

※ 属性详解

- 【预览】控制按钮：包括第一帧、上一帧、播放/停止、下一帧、最后一帧。

图 3-29

- 【快捷键】：选择用于播放/停止预览的键盘快捷键，下拉列表框中包含 7 个选项，分别是【空格键】、【Shift+空格键】、【数字小键盘 0】、【Shift+数字小键盘 0】、【Alt+数字小键盘 0】、【Numpad.】和【Alt+Numpad.】。

- 【重置】：单击此按钮，将恢复所有【快捷键】选项的默认预览设置。

- 【预览视频】：激活此按钮，预览过程中将会播放视频。

- 【预览音频】：激活此按钮，预览过程中将会播放音频。

- 【预览图层控件】：激活此按钮，预览过程中将会显示叠加和图层控件，如参考线、关键帧、蒙版和手柄等。

- 【循环选项】：激活此按钮，预览过程将会循环播放。

- 【在回放前缓存】：勾选该复选框，在渲染和缓存阶段会尽快渲染并缓存帧，随后会立即开始播放缓存的帧。

- 【范围】：选择预览的帧的范围。下拉列表框中包含 4 个选项，分别是【工作区】、【工作区域按当前时间延伸】、【整个持续时间】和【围绕当前时间播放】。

  - ➤ 【工作区】：只预览工作区内的帧。
  - ➤ 【工作区域按当前时间延伸】：会参照【当前时间指示器】的位置动态扩展工作区。
  - ➤ 如果【当前时间指示器】被置于工作区之前，则范围长度从当前时间到工作区终点。
  - ➤ 如果【当前时间指示器】被置于工作区之后，则范围长度是从工作区起点到当前时间；除非已经激活【当前时间】，在这种情况下，范围的长度是从工作区起点到合成、图层或素材的最后一帧。
  - ➤ 如果【当前时间指示器】被置于工作区内，则范围就是工作区，没有扩展。
  - ➤ 【整个持续时间】：合成、图层或素材的所有帧。
  - ➤ 【围绕当前时间播放】：用于定义在"范围开头"或"当前时间"进行播放。

- 【帧速率】：用于设置预览时的帧速率。选择【自动】选项，则表示预览将使用合成的帧速率。

- 【跳过】：用于设置预览时要跳过的帧数。这样可以提高预览播放的性能。

- 【分辨率】：用于设置预览时的分辨率，【分辨率】下拉菜单中指定的选项值，将会覆盖合成的分辨率设置。

- 【全屏】：勾选该复选框，将全屏显示预览效果。

- 【如果缓存，则播放缓存的帧】：如果要停止仍在缓存的预览，可以选择停止预览还是播放缓存的帧。

- 【将时间移到预览时间】：勾选该复选框，如果停止预览，【当前时间指示器】将移动到最后预览的帧（红线）。

3.6.2　手动预览

指在【时间轴】面板中，手动拖曳【当前时间指示器】进行预览播放。

3.7　渲染输出

渲染输出是影片制作的最后一个环节，是将制作内容变成最终文件的过程。这些文件可以是视频文件、音频文件、图像文件或其他类型的工程文件。

在渲染输出时，可以只渲染输出一部分工作区域，如图 3-30 所示。在【时间轴】面板中，可以通过拖动【工作区】的滑块改变【工作区域开头】和【工作区域结尾】的位置，从而调整工作区的位置和范围。

图 3-30

3.7.1　渲染队列

要将合成项目渲染输出为视频文件、音频文件或图像文件时，要先在【项目】面板中选择要渲染输出的文件，然后将其添加到渲染队列中，在渲染队列中进行渲染输出。常用的添加文件到渲染队列的方法如下。

① 执行【文件】>【导出】>【添加到渲染队列】菜单命令。

② 执行【合成】>【添加到渲染队列】菜单命令，快捷键是【Ctrl + M】。

③ 在【项目】面板中选择要渲染输出的文件，将其拖曳到【渲染队列】面板中。

3.7.2 渲染设置

在【渲染队列】面板中的【渲染设置】下拉列表中，包含多种不同的渲染设置方案，如【DV 设置】、【多机设置】和【草图设置】等。单击【渲染设置】选项后的蓝色高亮文字，如图 3-31 所示，可以弹出【渲染设置】对话框。在【渲染设置】对话框中，可以设置渲染的质量，合成本身不受影响，如图 3-32 所示。

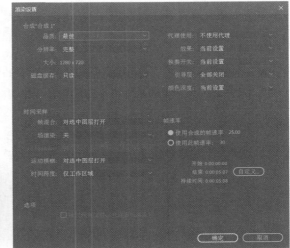

图 3-31   图 3-32

※ 属性详解

● 【品质】：用于设置渲染的品质。其下拉列表框中包含【最佳】、【草图】和【线框】等选项。

　➤ 【最佳】：渲染品质最高

　➤ 【草图】：质量相对较低，多用于测试。

　➤ 【线框】：合成中的图像将以线框的方式进行渲染。

● 【分辨率】：用于设置渲染合成的分辨率。

● 【磁盘缓存】：用于设置渲染期间是否使用磁盘缓存。其下拉列表框中包含 2 个选项，分别是【当前设置】和【只读】。

　➤ 【当前设置】：使用在首选项中的磁盘缓存设置。

　➤ 【只读】：不会在渲染中使用磁盘缓存。

● 【代理使用】：用于设置是否在渲染时使用代理。【当前设置】选项将使用每个素材项目的设置。

● 【效果】：用于设置效果激活的状态。

　➤ 【当前设置】：使用效果属性开关 fx 的当前设置。

　➤ 【全部开启】：将激活所有应用的效果。

> ➢ 【全部关闭】：将不渲染任何效果。
- 【独奏开关】：用于设置独奏开关○激活的状态。
  - ➢ 【当前设置】：使用每个图层的独奏开关设置。
  - ➢ 【全部关闭】：将关闭图层的独奏开关进行渲染。
  - ➢ 【引导层】：用于设置是否渲染引导层。
  - ➢ 【全部关闭】：将不渲染引导层。
  - ➢ 【当前设置】：将渲染合成中的引导层。
- 【颜色深度】：用于设置是渲染的颜色深度。
- 【帧混合】：用于设置是否渲染开启了帧混合图层的帧混合效果。
- 【场渲染】：用于选择视频场扫描的方式和优先顺序。该下拉列表框中包含 3 个选项，分别是【关】、【高场优先】和【低场优先】
- 【3:2 Pulldown】：用于设置 3:2 Pulldown 的相位。
- 【运动模糊】：用于设置运动模糊效果的激活状态。
  - ➢ 【对选中图层打开】：无论合成的【启用运动模糊】如何设置，都将对开启了动态模糊的图层渲染动态模糊效果。
  - ➢ 【对所有图层关闭】：不渲染所有图层的运动模糊效果。
  - ➢ 【当前设置】：将渲染启用【运动模糊】◎的图层且合成的【启用运动模糊】为打开状态的模糊效果。
  - ➢ 【时间跨度】：用于设置渲染的时间范围。
  - ➢ 【仅工作区域】：将只渲染工作区域内的合成。
  - ➢ 【合成长度】：将渲染整个合成。
  - ➢ 【自定义】：渲染自定义的时间范围。
- 【帧速率】：用于设置渲染时使用的帧速率。
- 【使用合成的帧速率】：使用【合成设置】对话框中设置的帧速率。
- 【使用此帧速率】：使用自定义的帧速率。
- 【跳过现有文件（允许多机渲染）】：用于设置渲染文件的一部分，在渲染多个文件时，自动识别未渲染的帧，对于已经渲染的帧将不再进行渲染。
- 【自定义】：用于设置渲染的开始时间、结束时间和持续时间。

3.7.3 渲染日志

在【渲染队列】面板中的【日志】选项列表中，可以选择写入渲染日志文件的信息量。其下拉列表框中包含 3 个选项，分别是【仅错误】、【增加设置】和【增加每帧信息】。

※ 属性详解

- 【仅错误】：仅在渲染遇到错误时，才会创建日志文件。
- 【增加设置】：创建的日志文件会记录当前渲染设置。
- 【增加每帧信息】：创建的日志文件会记录当前渲染设置和关于每帧的渲染信息。

3.7.4 输出模块

在【渲染队列】面板中的【输出模块】下拉列表中，包含多种预设的输出设置模板，如【多机序列】、【带有 Alpha 的 TIFF 序列】和【仅 Alpha】等。单击【输出模块】选项后的蓝色高亮文字，如图 3-33 所示，可以弹出【输出模块设置】对话框。在【输出模块设置】对话框中，包含【主要选项】和【色彩管理】两个选项卡，可以设置文件的格式、输出的颜色信息和图像大小等信息，如图 3-34 所示。

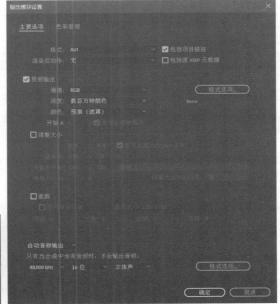

图 3-33　　　　　　　　　　　　　　　　图 3-34

※ 属性详解

- 【格式】：用于选择输出文件的格式。
- 【包括项目链接】：指定是否在输出文件中包括链接到源 After Effects 项目的信息。
- 【渲染后动作】：用于设置 After Effects 在渲染合成后要执行的动作。
- 【包括源 XMP 元数据】：用于设置是否在输出文件中包括用作渲染合成的源文件中的 XMP 元数据。
- 【通道】：用于设置输出影片中的通道信息。
- 【深度】：用于设置输出影片的颜色深度。
- 【颜色】：用于设置使用 Alpha 通道创建颜色的方式。
- 【开始#】：用于设置序列起始帧的编号。
- 【使用合成帧编号】：将工作区域的起始帧编号作为序列的起始帧。
- 【格式选项】：用于设置指定格式扩展的选项。
- 【调整大小】：勾选该复选框，可以设置输出影片的大小。
- 【锁定长宽比】：勾选该复选框后，改变宽度或高度属性时，系统会根据当前宽度和高度的比例自动调整另一个属性参数。取消勾选该复选框后，可自定义宽度和高度的属性参数，不受比例约束。

- 【调整大小后的品质】：用于设置渲染的品质。在渲染测试时可以选择为【低】，在最终渲染时可以选择为【高】。
- 【裁剪】：用于减少或增加输出影片的边缘像素。在顶部、左侧、底部、右侧使用正值进行裁剪像素行或列，使用负值增加像素行或列。
- 【使用目标区域】：勾选该复选框，仅导出在【合成】面板或【图层】面板中选择的目标区域。
- 【自动音频输出】：用于指定音频输出的采样率、采样深度和播放格式（单声道或立体声）。

> **提示和小技巧**
>
> 在 After Effects 2020 软件版本中，类似于 H.264、MPEG-2 和 WMV 的格式均已从渲染队列中移除，因为在 Adobe Media Encoder 软件中可以实现更佳的效果。使用 Adobe Media Encoder 软件可以导出这些格式。

> **提示和小技巧**
>
> 如果想在 After Effects 软件中，直接输出 MP4 格式的视频文件，可以安装 After Codecs 编码输出插件。安装插件后就可以在【格式】列表中，找到新添加的输出格式了，如图 3-35 所示。

3.7.5　输出路径和文件名

单击【渲染队列】面板中【输出到】选项后面的蓝色文字，会弹出【将影片输出到】对话框，在该对话框中可以指定文件的输出路径和名称，如图 3-36 所示。

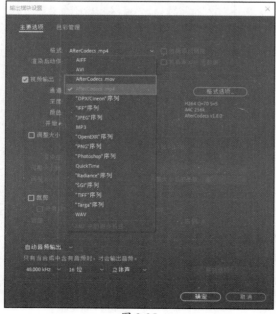

图 3-35

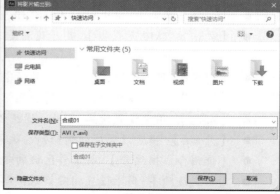

图 3-36

3.7.6　开启渲染

在【渲染队列】面板中设置所有属性后，勾选需要渲染的合成文件前的复选框，单击【渲染】按钮即可进行渲染，如图 3-37 所示。

图 3-37

> **提示和小技巧**
>
> 在进行预览或最终渲染输出时，在【时间轴】面板中渲染的次序是从下至上逐层渲染。在每个栅格（非矢量）图层中，将首先渲染蒙版，然后渲染滤镜效果，接着渲染变换以及图层。

3.8　加速渲染技巧

在项目合成制作过程中，可以随时将完成的合成文件发送至渲染队列中进行渲染输出。但是在 After Effects 软件的队列渲染过程中还不能使其在后台运行，这将极大地影响用户的工作效率，这时就需要考虑选择其他的渲染方法和技巧，来提高合成以及渲染的工作效率。

Adobe Media Encoder（简称 AME）用作 Adobe Premiere Pro、Adobe After Effects、Adobe Audition、Adobe Character Animator 等处理软件的后台编码引擎。实际上也可以将 AME 用作独立的编码器，这样就可以将 After Effects 软件项目的合成输出工作单独交付给 AME。在 AME 进行队列渲染过程中，用户也可以继续使用软件进行其他的合成制作工作。要想使用 AME 进行渲染，需要安装 Adobe Media Encoder 软件，建议在安装 AME 软件之前访问 Adobe 官方网站，了解软件安装的系统要求以及用于实现 GPU 加速的 AMD 和 NVIDIA 视频适配器的相关信息。

若发现 After Effects 软件项目过于复杂，特别是在合成设置的各项参数比较高、合成中的图层以及效果处理比较多、渲染设置参数也很高的情况下，即使关闭 After Effects 软件，使用 AME 进行独立渲染，其渲染速度依然会很慢。这时，如果希望在现有硬件条件下提高渲染效率，可以尝试使用多线程加速渲染技巧。

3.8.1　精通 AME 渲染加速技巧

素材文件： 案例文件\第 03 章\3.8.1\素材\镜头 3.ai、镜头 4.ai。
案例文件： 案例文件\第 03 章\3.8.1\精通 AME 渲染加速技巧实例.aep。
视频教学： 视频教学\第 03 章\3.8.1 精通 AME 渲染加速技巧实例.mp4。
精通目的： 在用 After Effects 软件制作项目的过程中使用 AME 软件进行渲染来提高制作以及输出效率。

🔧 **操作步骤**

① 在 After Effects 软件中，打开"实例文件\第 03 章\3.8.1\精通 AME 渲染加速技巧实例.aep"文件，如图 3-38 所示。

图 3-38

② 在【项目】面板中选择两个要进行渲染输出的合成："总合成 01"和"总合成 01 调色"，执行【文件】>【导出】>【添加到 Adobe Media Encoder 队列】菜单命令，AME 软件将自动开启，将要渲染输出的两个合成也会自动加载到 AME 软件的【队列】面板中，如图 3-39 所示。

图 3-39

③ 在 AME 软件的【队列】面板中，可以看到从 After Effects 软件发送过来的渲染队列文件。在每个文件的【格式】或【预设】列下的蓝色高亮文字区域单击，可以打开其【导出设置】对话框。单击文件"总合成 01"下面的蓝色文字"H.264"，打开【导出设置】对话框，如图 3-40 所示。

图 3-40

④ 使用【预设浏览器】面板中的【用户预设】命令来对文件"总合成 01 调色"进行导出设置。在【预设浏览器】面板中，单击面板左上角的【+】按钮，在弹出菜单中选择【创建编码预设】命令，如图 3-41 所示，打开【预设设置】对话框。

⑤ 在【预设设置】对话框中设置【预设名称】为"网络分享 720p"，【格式】为"H.264"，【基于预设】为"网络分享 720p"，其他选项为默认，单击【确定】按钮，如图 3-42 所示。

图 3-41

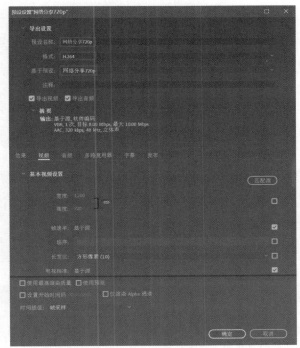

图 3-42

⑥ 在【预设浏览器】面板中，可以看到新添加的【网络分享 720p】预设，如图 3-43 所示。

图 3-43

⑦ 将自定义的【网络分享 720p】预设应用到文件"总合成 01 调色"进行导出设置。在【预设浏览器】面板中，将"网络分享 720p"拖曳到【队列】面板中的文件"总合成 01 调色"上，"总合成 01 调色"下方会生成一个新的输出队列，如图 3-44 所示。

提示和小技巧

　　在将自定义预设拖曳到【队列】面板中的文件时，若在原有蓝色高亮文字区域松开鼠标，操作结果则是用新预设设置替换原有队列的默认预设设置。

⑧ 【队列】面板中所有文件默认的存储位置为 After Effects 软件项目源文件所在的文件目录

内，若要更改导出文件的文件名以及存储的目的位置，可以单击【队列】面板中【输出文件】下方的蓝色高亮文字，打开【另存为】对话框进行设置。设置完成后，单击【队列】面板右上角的【启动队列】按钮（绿色三角形），开始启动队列渲染，在渲染过程中，可以在【队列】面板和【编码】面板中实时监视各渲染队列的进程情况，如图 3-45 所示。

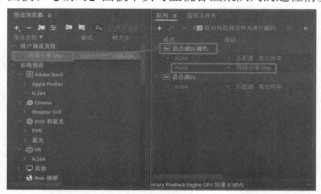

图 3-44

图 3-45

3.8.2　精通多线程加速渲染技巧

素材文件： 无。
案例文件： 案例文件\第 03 章\3.8.2\精通多线程加速渲染技巧实例.aep。
视频教学： 视频教学\第 03 章\3.8.2 精通多线程加速渲染技巧实例.mp4。
精通目的： 实现在 After Effects 软件中提升复杂项目合成渲染的速度。

操作步骤

① 在 After Effects 软件中，打开"案例文件\第 03 章\3.8.2\精通多线程加速渲染技巧实例.aep"文件，并打开合成"Main FullHD"，查看合成中的基本内容，如图 3-46 所示。

② 在【项目】面板中，选择"Main FullHD"合成，执行【文件】>【导出】>【添加到渲染队列】菜单命令，如图 3-47 所示。

③ 在【渲染队列】面板中，单击蓝色高亮文字"无损"，打开【输出模块设置】对话框，设置【格式】为（"JPEG"序列），完成后单击【确定】按钮，如图 3-48 所示。

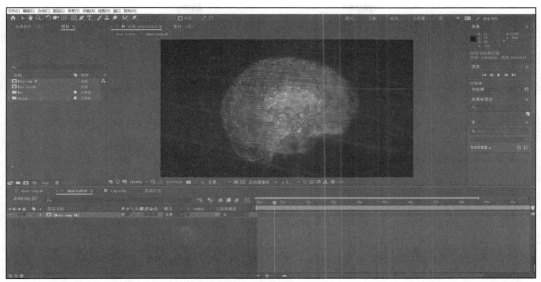

图 3-46

图 3-47

④ 在【渲染队列】面板中，单击蓝色高亮文字"最佳设置"，打开【渲染设置】对话框，
在【选项】选区勾选【跳过现有文件（允许多机渲染）】复选框，完成后单击【确定】
按钮，如图 3-49 所示。

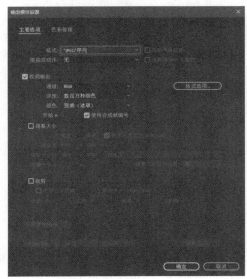

图 3-48

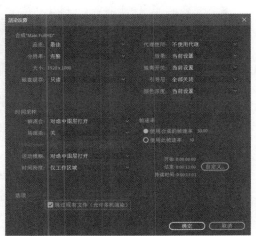

图 3-49

⑤ 在【渲染队列】面板中，单击蓝色高亮文字"Main FullHD /Main FullHD_[#####].jpg"，打开【将影片输出到：】对话框，设置渲染文件的存储路径，完成后单击【保存】按钮，如图 3-50 所示。

提示和小技巧

在此步骤中可以自由选择路径进行存储，但必须保证所选路径以及渲染文件的存储命名中不包含中文字符。

⑥ 在 Windows 操作系统中按快捷键【Win+R】打开【运行】对话框，在【打开】文本框中输入"cmd"，如图 3-51 所示，单击【确定】按钮，打开【DOS】窗口，如图 3-52 所示。

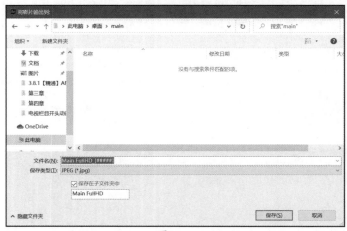

图 3-50

图 3-51

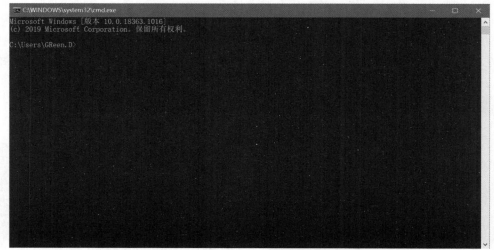

图 3-52

⑦ 选择 After Effects 软件的快捷方式图标，单击鼠标右键，在弹出的快捷菜单中选择【属性】命令，如图 3-53 所示。在【Adobe After Effect 2020 属性】对话框中，单击【打开文件所在的位置】按钮，如图 3-54 所示。

⑧ 在 After Effects 软件的安装文件中，找到【aerender.exe】程序，将其拖曳到【DOS】窗口中，如图 3-55 所示，按【空格】键，输入"-project"再按【空格】键，如图 3-56 所示。

图 3-53

图 3-54

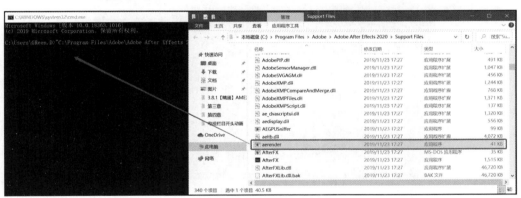

图 3-55

⑨ 找到之前保存的"AE 工程文件",将其拖曳到【DOS】窗口中,如图 3-57 所示。

图 3-56 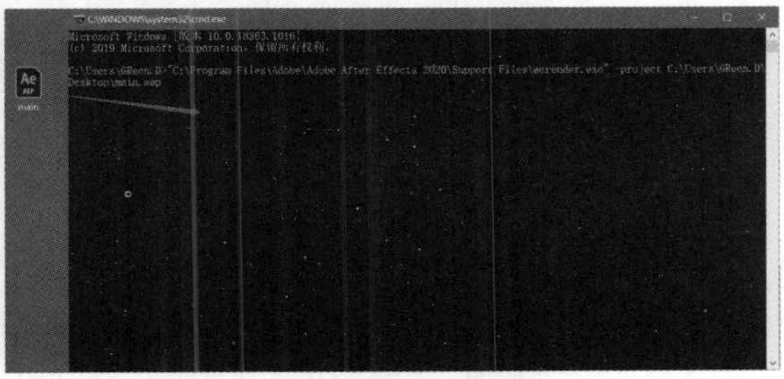   图 3-57

⑩ 将【DOS】窗口中的工程文件路径选中并复制,然后粘贴到临时打开的"txt 文档"中备用,如图 3-58 所示。

⑪ 在【DOS】窗口中,按【Enter】键,开始渲染,具体情况如图 3-59 所示。

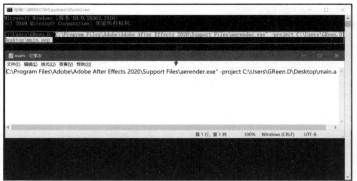

图 3-58

图 3-59

⑫　打开【任务管理器】窗口，在【性能】选项卡下查看 CPU 的占用情况，如图 3-60 所示。

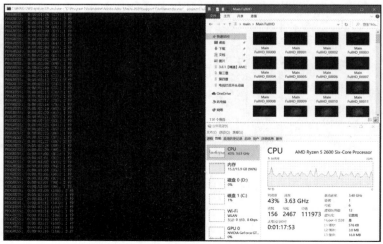

图 3-60

⑬ 若 CPU 还未满负荷工作，再打开一个新的【DOS】窗口，然后将保存在"txt 文档"中的路径，复制并粘贴到新的【DOS】窗口中，然后按【Enter】键继续渲染。

⑭ 继续在【任务管理器】窗口中查看 CPU 占用情况，若 CPU 仍然未满负荷工作，则循环步骤 ⑫、步骤 ⑬，直到 CPU 达到满负荷为止。

⑮ 当【DOS】窗口中所有渲染都结束后，关闭所有【DOS】窗口，将渲染完成的图像序列文件的输出格式设置为视频格式即可。

提示和小技巧

使用此方法进行多线程加速渲染仅适合需要渲染时间较长的复杂工程。使用 After Effects 软件在半小时之内即可完成的渲染工程，不建议使用此方法。

3.9 综合实战：动态 Logo 合成

素材文件： 案例文件\第 03 章\3.9\素材\声音素材.wav、视频素材.mov、图片 01.png、图片 02.png、序列。

案例文件： 案例文件\第 03 章\3.9\动态 Logo 合成.aep。

视频教学： 视频教学\第 03 章\动态 Logo 合成.mp4。

技术要点： 动态 Logo 合成实战案例是为了加深素材合成制作流程的理解，掌握创建项目、导入素材、合成设置、效果应用和渲染输出等环节的制作技巧。

操作步骤

一、新建项目

① 启动 After Effects 软件，在【主页】对话框中单击【新建项目】按钮，即可创建一个新的工程项目，如图 3-61 所示。

② 创建项目后，即可对新项目进行设置。执行【文件】>【项目设置】菜单命令，在弹出的【项目设置】对话框中，设置【默认基准】为"25"，如图 3-62 所示。

图 3-61

图 3-62

二、导入素材

① 在【项目】面板的空白处，单击鼠标右键，在弹出的快捷菜单中选择【导入】>【文件】命令，如图 3-63 所示。

② 在弹出的【导入文件】对话框中选择素材"声音素材"、"视频素材"、"图片 01"和"图片 02"，单击【导入】按钮即可，如图 3-64 所示。

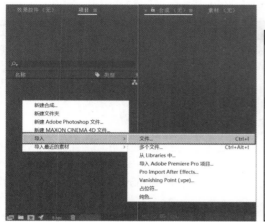
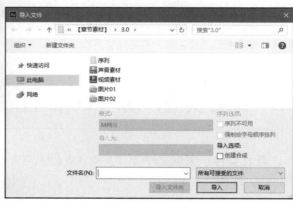

图 3-63   图 3-64

③ 继续导入序列素材。打开序列文件夹，选择文件"序列 000"，勾选【PNG 序列】复选框，单击【导入】按钮即可，如图 3-65 所示。

三、管理素材

① 对【项目】中的序列素材进行调整。选择序列"[000-124].png"素材，单击鼠标右键，在弹出的快捷菜单中选择【解释素材】>【主要】命令，如图 3-66 所示。

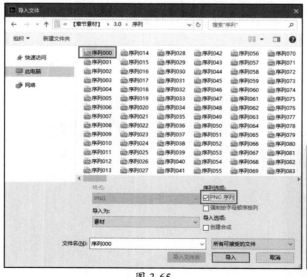
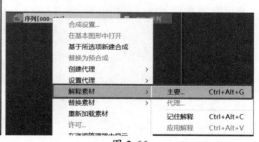

图 3-65   图 3-66

② 在【解视素材】对话框中，设置【假定此帧速率】为 25 帧/秒，如图 3-67 所示。

四、合成设置

① 创建合成。在空的【合成】面板中，单击【新建合成】按钮，如图 3-68 所示。

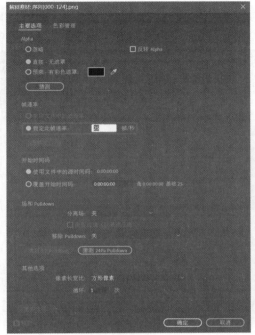

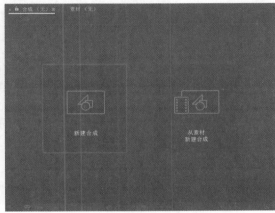

图 3-67   图 3-68

② 在弹出的【合成设置】对话框中设置【合成名称】为"动态 logo 合成"，【预设】为"HDV/HDTV 720 25"，【持续时间】为"0:00:05:00"，如图 3-69 所示。

③ 将素材添加到合成中。选择【项目】面板中的 5 项素材，拖曳到【时间轴】面板中即可，如图 3-70 所示。

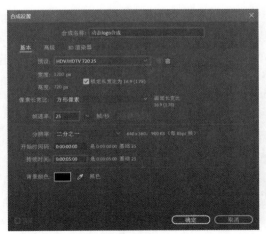

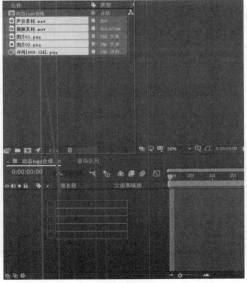

图 3-69   图 3-70

④ 在【时间轴】面板中调整素材图层的排列顺序，如图 3-71 所示。

五、效果应用

① 在【时间轴】面板中选择"图片 01"图层，单击鼠标右键，在弹出的快捷菜单中选择【效果】>【透视】>【投影】命令，如图 3-72 所示。

图 3-71

图 3-72

② 在【时间轴】面板中设置"图片 01"图层中的【投影】效果，设置【方向】为"0x+180.0°"，【距离】为"9"，【柔和度】为"50.0"，如图 3-73 所示。

③ 为"图片 02"图层添加与"图片 01"图层相同的效果。选择"图片 01"图层中的【效果】属性，按快捷键【Ctrl+C】进行复制，选择"图片 02"图层，按快捷键【Ctrl+V】进行粘贴，如图 3-74 所示。

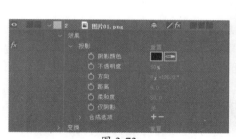

图 3-73

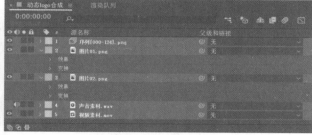

图 3-74

④ 给"视频素材"图层添加【高斯模糊】效果。在【效果和预设】面板中找到【高斯模糊】效果并拖曳到【时间轴】面板中的"视频素材"图层即可，如图 3-75 所示。

⑤ 设置【高斯模糊】效果，设置【模糊度】为"30.0"，【重复边缘像素】为"开"，如图 3-76 所示。

图 3-75

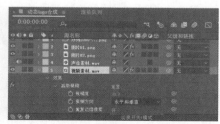

图 3-76

⑥ 继续添加效果。在【时间轴】面板中选择"视频素材"图层，单击鼠标右键，在弹出的快捷菜单中选择【效果】>【颜色校正】>【颜色平衡（HLS）】命令，如图 3-77 所示。

⑦ 设置【颜色平衡（HLS）】效果，设置【色相】为"0x-50.0°"，【亮度】为"40.0"，【饱和度】为"-10.0"，如图 3-78 所示。

图 3-77

图 3-78

六、设置时间轴

① 在【时间轴】面板中选择"图片 01"图层，将【当前时间指示器】拖曳到"0:00:02:10"处，按【{】键即可，如图 3-79 所示。

图 3-79

② 将【时间轴】面板中的"图片 02"图层的【入点】设置为"0:00:02:10"。

七、效果预览

单击【预览】面板中的【播放/停止】按钮，可进行合成预览，如图 3-80 所示。 。

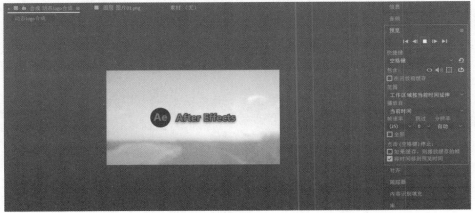

图 3-80

八、渲染输出

① 制作完成后，打开【渲染队列】面板，将【项目】面板中的"动态 logo 合成"合成拖曳到【渲染队列】面板中，如图 3-81 所示。

② 在【渲染队列】面板中，单击【输出到】选项后面的蓝色高亮文字，设置输出位置，然后单击【渲染】按钮，进行渲染，如图 3-82 所示。

③ 【渲染队列】面板中的蓝色进度条显示的是渲染进度，如图 3-83 所示。

图 3-82

图 3-81

图 3-83

④ 渲染完成后，在输出位置播放视频，查看最终的动画效果，如图 3-84 所示。

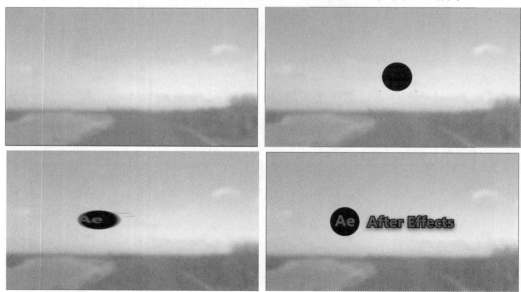

图 3-84

CHAPTER 4

图层与关键帧动画

本章导读

在 After Effects 软件的实际应用中，图层的应用是最直观的操作，也是在 After Effects 软件中一切创作的基础。从本章开始，将为大家具体讲解在 After Effects 软件中如何操控图层以及关键帧动画的创作。

学习要点

- ☑ 图层简介
- ☑ 创建图层
- ☑ 编辑图层
- ☑ 图层变换属性
- ☑ 图层开关
- ☑ 图层混合模式
- ☑ 认识关键帧动画
- ☑ 编辑关键帧
- ☑ 关键帧曲线
- ☑ 关键帧插值
- ☑ 综合实战：图形融合动画

4.1 图层简介

在 After Effects 软件中，图层是构成合成的重要元素。通过图层的叠加、组合形成合成的最终效果。不同类型的图层以不同的缩略图样式在【时间轴】面板中显示，如图 4-1 所示。在 After Effects 软件中，用户可以在【时间轴】面板中进行图层的分布和堆叠，图层的堆叠顺序会影响合成的最终效果。在系统默认设置下，合成的影像呈现是按照图层从上往下的顺序依次叠放，上层图层的图像会遮盖下层图层的图像，图层间可以调整不同的混合模式，上下图层进行各种混合后可以产生用户所需的效果。

图 4-1

4.2 创建图层

在 After Effects 软件中，用户可以创建多种类型的图层，主要包括文本、纯色、灯光、摄像机、空对象、形状图层和调整图层等 10 种类型的图层。用户可以执行【图层】>【新建】菜单命令，选中任意图层类型，即可创建一个新的图层，如图 4-2 所示。

图 4-2

提示和小技巧

只有在激活【时间轴】面板和【合成】面板等有关图层项目的面板后，才可以执行【图层】>【新建】菜单命令。否则，该命令为不可执行状态。

提示和小技巧

用户在【时间轴】面板的空白区域，单击鼠标右键，在弹出的快捷菜单中也可以找到【新建】命令，同样能够创建不同类型的图层。

4.2.1 文本图层

用户可以执行【图层】>【新建】>【文本】菜单命令，创建文本图层。文本图层是用于创建文字效果的图层，如图 4-3 所示。

4.2.2　纯色图层

　　用户可以执行【图层】>【新建】>【纯色】菜单命令，创建纯色图层，在 After Effects 软件早期的版本中也称为固态图层。纯色图层是具有颜色的图层，用户可以选择纯色图层，执行【图层】>【纯色设置】菜单命令，可以修改颜色图层的相关参数信息，如图 4-4 所示。

图 4-3

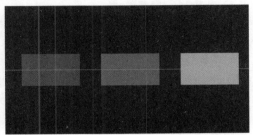

图 4-4

4.2.3　灯光图层

　　用户可以执行【图层】>【新建】>【灯光】菜单命令，创建灯光图层。灯光图层用于模拟不同类型的照明效果，可以根据不同环境需要设置照明图层的【灯光类型】、【颜色】、【强度】和【阴影】等属性，如图 4-5 所示。

提示和小技巧

　　在同时使用灯光图层和调整图层的时候，灯光的颜色倾向对调整图层的色彩方面的影响是无效的，也就是灯光图层只负责照明，而调整图层添加的色彩校正效果都优先执行，不会被灯光颜色所影响。

4.2.4　摄像机图层

　　用户可以执行【图层】>【新建】>【摄像机】菜单命令，创建摄像机图层。摄像机图层是用来执行和模拟摄像机运动效果，如图 4-6 所示。

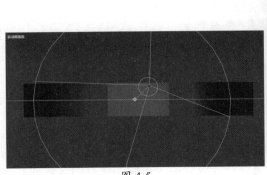

图 4-5

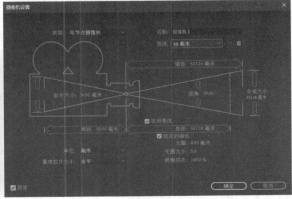

图 4-6

4.2.5 空对象图层

用户可以执行【图层】>【新建】>【空对象】菜单命令，创建空对象图层。空对象图层是具有图层的所有属性的不可见图层，因此经常用来配合表达式和作为父级使用，如图 4-7 所示。

4.2.6 形状图层

用户可以执行【图层】>【新建】>【形状图层】菜单命令，创建形状图层。此种方式创建的形状图层在 After Effects 软件中只作为一个图层，图层内并没有实质的内容，需要添加具体的形状内容。以矩形形状图层为例，选择已经创建的形状图层，打开属性栏执行【内容】>【添加】>【矩形】菜单命令，就可以得到一个含有矩形路径的形状图层，执行【内容】>【添加】>【填充】菜单命令，可以为创建的矩形路径填充颜色。如图 4-8 所示。

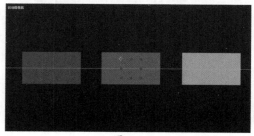

图 4-7

图 4-8

> **提示和小技巧**
>
> 运用形状工具直接创建带有图形样式的形状图层，绘制图形结束后需要结束操作命令，否则当前形状图层仍处于选择状态，进行第二个图形绘制时两个形状会处于同一个形状图层内，不会产生新的图层，也可以通过快捷键【Q】快速绘制所需图形。

4.2.7 调整图层

用户可以执行【图层】>【新建】>【调整图层】菜单命令，创建调整图层。调整图层在视图中不显示具体内容，相当于空图层，为调整图层添加的效果可以对调整图层以下的所有图层应用特效，位于图层堆叠顺序底部的调整图层没有可视效果，如图 4-9 所示。

> **提示和小技巧**
>
> 除了执行【图层】>【新建】>【调整图层】菜单命令可以创建调整图层，还可以在【时间轴】面板中通过单击图层属性中的【调整图层】按钮，将其他图层转换为调整图层。

4.2.8 内容识别填充图层

用户可以执行【图层】>【新建】>【内容识别填充图层】菜单命令，将弹出【内容识别填充】面板，如图 4-10 所示。内容识别填充图层可修复视频中因去除不想要的区域或对象而留下的空洞。After Effects 软件会分析一段时间内的帧，根据其他帧的内容合成新的像素进行填充。

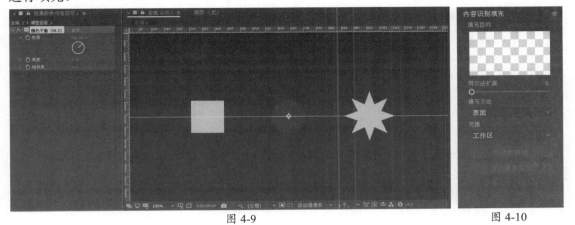

图 4-9　　　　　　　　　　　　　　　　　　　　图 4-10

4.2.9　Adobe Photoshop 文件图层

用户可以执行【图层】>【新建】>【Adobe Photoshop 文件】菜单命令，创建 Adobe Photoshop 文件图层，如图 4-11 所示。

4.2.10　MAXON CINEMA 4D 文件图层

用户可以执行【图层】>【新建】>【MAXON CINEMA 4D 文件】菜单命令，创建 MAXON CINEMA 4D 文件图层，如图 4-12 所示。

图 4-11

图 4-12

4.3　编辑图层

4.3.1　选择图层

在进行合成效果制作时，需要经常选择一个或多个图层进行编辑，对于单个图层，可以直接在【时间轴】面板中单击要选择的图层。当需要选择多个图层时，可以使用以下方式。

① 在【时间轴】面板左侧按住鼠标左键框选多个连续的图层。

② 在【时间轴】面板左侧单击起始图层，按【Shift】键，单击至结束图层。

③ 在【时间轴】面板左侧单击起始图层，按【Ctrl】键，单击需要选择的图层，这样就可以实现图层的单独添加。

④ 在颜色选项卡上单击，在弹出的对话框中选择【选择标签组】命令，可将相同标签颜色的图层同时选中。

⑤ 执行【编辑】>【全选】菜单命令，或按快捷键【Ctrl+A】，可以选择【时间轴】面板中的所有图层。执行【编辑】>【全部取消选择】菜单命令，或按快捷键【Ctrl+Shift+A】，可以将已经选中的图层全部取消。

4.3.2　复制图层

当需要对【时间轴】面板中的图层进行复制时，可以执行【编辑】>【重复】菜单命令，或按快捷键【Ctrl+D】，即可为当前图层复制出一个图层。

4.3.3　合并图层

为了方便制作动画和特效，有时候需要将几个图层合并在一起，那么需要在【时间轴】面板中选择需要合并的图层并单击，在弹出的快捷菜单中选择【预合成】命令，如图 4-13 所示。在弹出的【预合成】对话框中设置预合成的名称，单击【确定】按钮，如图 4-14 所示。

图 4-13　　　　　　　　　　　　　　　　图 4-14

经过上述操作之后，几个图层被合并到一个新的合成中，合并后的效果如图 4-15 所示。

图 4-15

4.3.4　拆分图层

在 After Effects 软件中，可以通过拆分，将一个图层分为两个独立的图层。选中需要拆分的图层，在【时间轴】面板中将【当前时间指示器】调整到需要拆分的位置，执行【编辑】>【拆分图层】菜单命令，即可将图层在当前时间分为两个独立的图层，如图 4-16 所示。

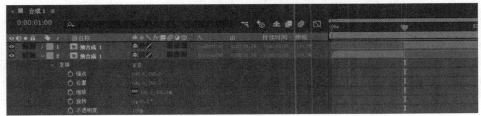

图 4-16

　　在执行拆分图层命令时，若没有选中任何图层，系统会在当前时间下拆分合成中的所有图层。

4.3.5　父级图层

　　在更改某一个图层的基础属性时，若想对其他图层产生相同效果的影响，可以通过设置父子图层的方式来实现。当父级图层的基础属性发生变化时，子级图层除不透明度外的属性随父级图层发生改变。可以通过【时间轴】面板中的【父级】选项中设置指定图层的父级图层，如图 4-17 所示。

图 4-17

　　一个父级图层可以同时拥有多个子级图层，但是一个子级图层只能有一个父级图层。

4.3.6　排列图层

一、改变图层的排列顺序

　　在【时间轴】面板中可以观察图层的排列顺序，改变图层的顺序将影响最终的合成效果。可以通过拖曳图层调整图层的上下位置，如图 4-18 所示，也可以执行【图层】>【排列】菜单命令，调整图层的位置，如图 4-19 所示。

※ 属性详解

● 【将图层置于顶层】：用于将选中的图层调整至最上层。
● 【使图层前移一层】：用于将选中的图层向上移动一层。
● 【使图层后移一层】：用于将选中的图层向下移动一层。
● 【将图层置于底层】：用于将选中的图层调整至最下层。

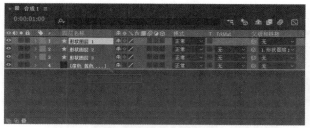

图 4-18

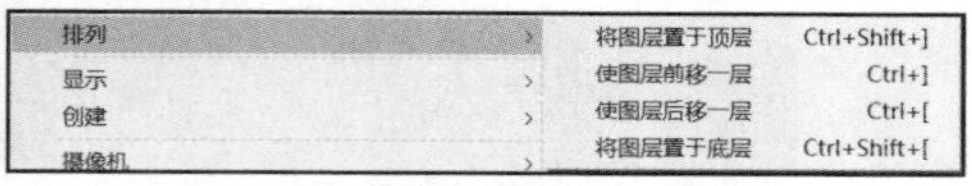

图 4-19

当改变调整图层位置时，调整图层以下的所有图层都将受到调整图层的影响。

二、自动排列图层

在进行图层排列时，可以使用【关键帧辅助】功能对图层进行自动排列。首先需要选择所有的图层，执行【动画】>【关键帧辅助】>【序列图层】菜单命令。选择的第一个图层是最先出现的图层，其他被选择的图层将按照一定的顺序在时间线上自动排列，如图 4-20 和图 4-21 所示。

图 4-20

图 4-21

可以通过勾选【重叠】复选框，设置图层之间是否产生重叠以及重叠的持续时间和过渡方式，如图 4-22 所示。

※ 属性详解

● 【持续时间】：用来设置图层之间的重叠时间。

● 【过渡】：用来设置重叠部分的过渡方式，分为【关】、【溶解前景图层】和【交叉溶解前景和背景图层】三种方式。

图 4-22

4.4 图层变换属性

在 After Effects 软件中，经常会使用图层属性制作动画效果。除音频图层外，每个图层都具有一个基本的【变换】属性组，该组包括【锚点】、【位置】、【缩放】、【旋转】、【不透明度】等属性，如图 4-23 所示。

图 4-23

※ 属性详解

- 【锚点】：锚点是图层的轴心点，图层的位置、旋转和缩放都是基于锚点来操作的。锚点的快捷键为【A】，当旋转、移动和缩放图层时，锚点的位置会影响最终的效果。

- 【位置】：位置属性是用来调整图层在画面中的位置，可以通过位置属性制作位移动画效果。位置属性的快捷键为【P】，普通的二维图层通过 X 轴和 Y 轴两个参数来定义图层位于合成中的位置。

- 【缩放】：缩放属性是用来控制图层的大小，缩放的中心为锚点所在的位置，普通的二维图层通过 X 轴和 Y 轴两个参数来调整。缩放属性的快捷键为【S】，在使用缩放命令时，图层缩放属性中的【约束比例】默认为开启状态。用户可以通过单击【约束比例】选项解除锁定，即可对图层的 X 轴和 Y 轴进行单独调节。

- 【旋转】：旋转属性是用来控制图层在画面中旋转的角度。旋转属性的快捷键为【R】，普通的二维图层的旋转由【圈数】和【度数】两个参数控制。如"1x+20°"表示图层旋转了"1 圈又 20°"，即"380°"。

- 【不透明度】：不透明度属性是用来控制图层的不透明度，以百分比的形式来显示。不透明度属性的快捷键为【T】，当数值为 100%时，图层完全不透明；当数值为 0%时，图层完全透明。

提示和小技巧

在使用快捷键显示图层属性时，如果需要一次显示两个或两个以上的属性，可以按住【shift】键，再按其他属性的快捷键即可。

4.5　图层开关

图层的许多特性由图层开关决定，这些开关排列在【时间轴】面板中的各列中，如图 4-24 所示。

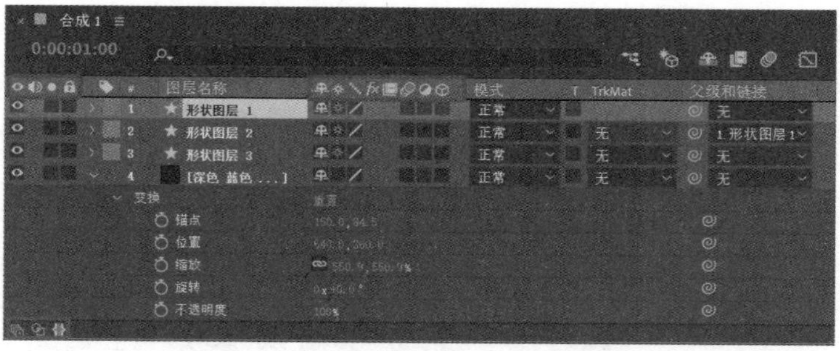

图 4-24

※ **属性详解**

- 【图层开关▣】：展开或折叠【图层开关】窗格。
- 【转换控制▣】：展开或折叠【转换控制】窗格。
- 【入点/出点/持续时间/伸缩▣】：展开或折叠【入点/出点/持续时间/伸缩】窗格。
- 【视频▣】：隐藏或显示来自合成的视频。
- 【音频▣】：启用或禁用图层声音。
- 【独奏▣】：隐藏所有非独奏视频。
- 【锁定▣】：锁定图层，阻止再次编辑图层。
- 【消隐▣】：在【时间轴】面板显示或隐藏图层。
- 【折叠变换/连续栅格化▣】：如果图层是预合成，则折叠变换；如果图层是形状图层、文本图层或以矢量图形文件（如 Adobe Illustrator 文件）作为源素材的图层，则连续栅格化。为矢量图层选择此开关会导致 After Effects 重新栅格化图层的每个帧，这会提高图像品质，但也会增加预览和渲染的时间。
- 【质量和采样▣】：图层的渲染品质在"最佳"和"草稿"选项之间切换。
- 【效果▣】：显示或关闭图层滤镜效果。
- 【帧混合▣】：用于设置帧混合的状态，可分为【帧混合】、【像素运动】和【关】3 种模式。
- 【运动模糊▣】：启用或禁用运动模糊。
- 【调整图层▣】：将图层转换为调整图层。
- 【3D 图层▣】：将图层转换为 3D 图层。

4.6 图层混合模式

图层混合模式就是将当前图层素材与下层图层素材相互混合、叠加或交互，通过图层素材之间的相互影响，使当前图层画面产生变化。图层混合模式分为 8 组 38 种。可以在【时间轴】面板中选中需要修改混合模式的图层，执行【图层】>【混合模式】菜单命令，选择相应的混合模式。

提示和小技巧

在【时间轴】面板按快捷键【F4】可以快速切换是否显示图层的混合模式面板。

4.6.1　普通模式

普通模式的混合效果就是将当前图层素材与下层图层素材的不透明度变化从而产生相应的变化效果。包括【正常】、【溶解】和【动态抖动溶解】3 种模式。

● 【正常】：默认模式，当图层素材不透明度为 100%时，则遮挡下层图层素材的显示效果，如图 4-25 所示。

● 【溶解】：影响图层素材之间的融合显示，图层影像像素由基础颜色像素或混合颜色像素随机替换，显示取决于像素不透明度的多少。如果不透明度为 100%，则不显示下层素材影像，如图 4-26 所示。

图 4-25　　　　　　　　　　　　　　　图 4-26

提示和小技巧

降低图层的不透明度，溶解效果会更加明显。

● 【动态抖动溶解】：除为每个帧重新计算概率函数外，与【溶解】相同，因此结果随时间变化。

4.6.2　变暗模式

变暗模式的主要作用就是使当前图层素材的颜色整体加深并变暗。包括【变暗】、【相乘】、【颜色加深】、【经典颜色加深】、【线性加深】和【较深的颜色】6 种模式。

● 【变暗】：当两个图层素材混合时，查看并比较每个通道的颜色信息，选择基础颜色和混合颜色中较为偏暗的颜色作为结果颜色，暗色替代亮色。变暗模式的效果，如图 4-27 所示。

● 【相乘】：是一种减色模式，将基础颜色通道与混合颜色通道数值相乘，再除以位深度像素的最大值，具体结果取决于图层素材颜色深度。而颜色相乘后会得到一种更暗的效果。相乘的效果，如图 4-28 所示。

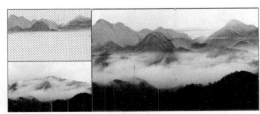

图 4-27　　　　　　　　　　　　　　　图 4-28

- 【颜色加深】：用于查看并比较每个通道中的颜色信息，增加对比度使基础颜色变暗，结果颜色是混合颜色变暗而形成的。混合影像中的白色部分不发生变化。颜色加深模式的效果，如图4-29所示。

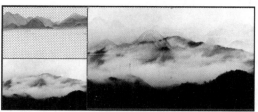

图 4-29

- 【经典颜色加深】：After Effects 5.0 和更低版本中的【颜色加深】模式被命名为【经典颜色加深】，使用它可保持与早期项目的兼容性。

- 【线性加深】：用于查看并比较每个通道中的颜色信息，通过减小亮度使基础颜色变暗，并反映混合颜色，混合影像中的白色部分不发生变化，比相乘模式产生的效果更暗。线性加深模式的效果，如图4-30所示。

- 【较深的颜色】：与变暗相似，但深色模式不会比较素材间的生成颜色，只对素材进行比较，选取最小数值为结果颜色。较深的颜色模式的效果，如图4-31所示。

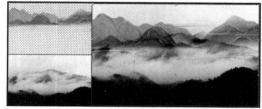

图 4-30

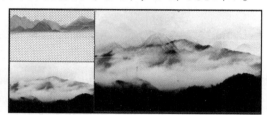

图 4-31

4.6.3 变亮模式

变亮模式的主要作用就是使图层颜色整体变亮。包括【相加】、【变亮】、【屏幕】、【颜色减淡】、【经典颜色减淡】、【线性减淡】和【较浅的颜色】7种模式。

- 【相加】：每个结果颜色通道值是源颜色和基础颜色的相应颜色通道值的和，如图4-32所示。

提示和小技巧

素材中的黑色背景去除更多的情况下选用的就是【相加】模式，如带有黑色背景的火焰效果。

- 【变亮】：两个图层素材混合时，查看并比较每个通道的颜色信息，选择基础颜色和混合颜色中较为明亮的颜色作为结果颜色，亮色替代暗色，如图4-33所示。

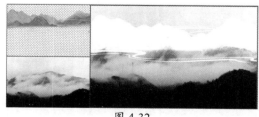

图 4-32

图 4-33

- 【屏幕】：用于查看每个通道中的颜色信息，并将混合后的颜色与基础颜色进行相乘，得到一种更亮的效果，如图4-34所示。

- 【颜色减淡】：用于查看并比较每个通道中的颜色信息，通过减小二者之间的对比度使基础颜色变亮以反映混合颜色。混合影像中的黑色部分不发生变化，如图 4-35 所示。

图 4-34

图 4-35

- 【经典颜色减淡】：After Effects 5.0 和更低版本中的【颜色减淡】模式被命名为【经典颜色减淡】，使用它可保持与早期项目的兼容性。
- 【线性减淡】：用于查看并比较每个通道中的颜色信息，通过增加亮度使基础颜色变亮以反映混合颜色。混合影像中的黑色部分不发生变化，如图 4-36 所示。
- 【较浅的颜色】：与变亮相似，但不对各个颜色通道执行操作，只对素材进行比较，选取最大数值为结果颜色，如图 4-37 所示。

图 4-36

图 4-37

4.6.4　叠加模式

叠加模式的混合效果就是将当前图层素材与下层图层素材的颜色亮度进行比较，查看灰度后，选择合适的模式叠加效果。包括【叠加】、【柔光】、【强光】、【线性光】、【亮光】、【点光】和【纯色混合】7 种模式。

- 【叠加】：对当前图层的基础颜色进行正片叠底或滤色叠加，保留当前图层素材的明暗对比，如图 4-38 所示。

- 【柔光】：使结果颜色变暗或变亮，具体取决于混合颜色。与发散的聚光灯照在图像上的效果相似。如果混合颜

图 4-38

色比 50% 灰色亮，则结果颜色变亮，反之则变暗。混合影像中的纯黑或纯白颜色，可以产生明显的变暗或变亮效果，但不能产生纯黑或纯白颜色效果，如图 4-39 所示。

- 【强光】：模拟强烈光线照在图像上的效果。该效果对颜色进行正片叠底或过滤，具体取决于混合颜色。如果混合颜色比 50% 灰色亮，则结果颜色变亮，反之则变暗。多用于添加高光或阴影效果。混合影像中的纯黑或纯白颜色，在素材混合后仍会产

生纯黑或纯白颜色效果,如图 4-40 所示。

图 4-39   图 4-40

- 【线性光】:通过减小或增加亮度来加深或减淡颜色,具体取决于混合颜色。如果混合颜色比 50% 灰色亮,则通过增加亮度使图像变亮,反之,则通过减小亮度使图像变暗,如图 4-41 所示。
- 【亮光】:通过增加或减小对比度来加深或减淡颜色,具体取决于混合颜色。如果混合颜色比 50% 灰色亮,则通过减小对比度使图像变亮,反之,则通过增加对比度使图像变暗,如图 4-42 所示。

图 4-41   图 4-42

- 【点光】:根据混合颜色替换颜色。如果混合颜色比 50% 灰色亮,则替换比混合颜色暗的像素,而不改变比混合颜色亮的像素。如果混合颜色比 50%灰色暗,则替换比混合颜色亮的像素,而比混合颜色暗的像素保持不变。非常适合为图像添加特殊效果,如图 4-43 所示。
- 【纯色混合】:提高源图层上蒙版下面的可见基础图层的对比度。蒙版大小确定对比区域,反转的源图层确定对比区域的中心,如图 4-44 所示。

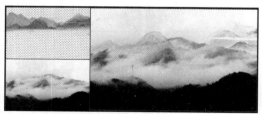

图 4-43   图 4-44

4.6.5 差值模式

差值模式是基于当前图层与下层图层的颜色值来产生差异效果的。包括【差值】、【经典差值】、【排除】、【相减】、【相除】5 种模式。

- 【差值】:对于每个颜色通道,从浅色输入值中减去深色输入值。使用白色绘画会反转背景颜色，使用黑色绘画不会产生任何变化，如图 4-45 所示。

● 【经典差值】：After Effects 5.0 和更低版本中的【差值】模式被命名为【经典差值】。使用它可保持与早期项目的兼容性。

● 【排除】：创建与【差值】模式相似但对比度更低的结果。如果源颜色是白色，则结果颜色是基础颜色的补色。如果源颜色是黑色，则结果颜色是基础颜色，如图 4-46 所示。

图 4-45　　　　　　　　　　　　　　　　图 4-46

● 【相减】：从基础颜色中减去源颜色。如果源颜色是黑色，则结果颜色是基础颜色。在 32 位项目中，结果颜色值可以小于 0，如图 4-47 所示。

● 【相除】：基础颜色除以源颜色。如果源颜色是白色，则结果颜色是基础颜色。在 32 位项目中，结果颜色值可以大于 1.0，如图 4-48 所示。

图 4-47　　　　　　　　　　　　　　　　图 4-48

4.6.6　颜色模式

颜色模式会改变下层颜色的色相、饱和度和明度等信息。包括【色相】、【饱和度】、【颜色】和【发光度】4 种模式。

● 【色相】：结果颜色具有基础颜色的发光度和饱和度以及源颜色的色相，如图 4-49 所示。

● 【饱和度】：结果颜色具有基础颜色的发光度和色相以及源颜色的饱和度，如图 4-50 所示。

图 4-49　　　　　　　　　　　　　　　　图 4-50

- 【颜色】：结果颜色具有基础颜色的发光度以及源颜色的色相和饱和度。此混合模式保持基础颜色中的灰色阶。此混合模式用于为灰度图像上色和为彩色图像着色，如图 4-51 所示。
- 【发光度】：结果颜色具有基础颜色的色相和饱和度以及源颜色的发光度。此模式与【颜色】模式相反，如图 4-52 所示。

图 4-51 图 4-52

4.6.7 模板模式

模板模式可以将源图层转换为下层图层的遮罩。包括【模板 Alpha】、【模板亮度】、【轮廓 Alpha】、【轮廓亮度】4 种模式。

- 【模板 Alpha】：使用图层的 Alpha 通道创建模板，如图 4-53 所示。
- 【模板亮度】：使用图层的亮度值创建模板。图层的浅色像素比深色像素更不透明，如图 4-54 所示。

图 4-53 图 4-54

- 【轮廓 Alpha】：使用图层的 Alpha 通道创建轮廓，如图 4-55 所示。
- 【轮廓亮度】：使用图层的亮度值创建轮廓。混合颜色的亮度值确定结果颜色中的不不透明度。使用纯白色绘画会创建 0% 不透明度。使用纯黑色绘画不会生成任何变化，如图 4-56 所示。

图 4-55 图 4-56

4.6.8　共享模式

共享模式可以使下层图层与源图层的 Alpha 通道或透明区域像素产生相互作用。包括【Alpha 添加】和【冷光预乘】2 种模式。

- 【Alpha 添加】：通过为合成添加色彩互补的 Alpha 通道来创建无缝的透明区域。用于从两个相互反转的 Alpha 通道或从两个接触的动画图层的 Alpha 通道边缘删除可见边缘，如图 4-57 所示。
- 【冷光预乘】：通过将超过 Alpha 通道值的颜色值添加到合成中来防止修剪这些颜色值。在应用此模式时，可以通过将预乘 Alpha 源素材的解释更改为直接 Alpha 来获得最佳结果，如图 4-58 所示。

图 4-57

图 4-58

4.7　认识关键帧动画

动画要表现出运动至少要给出两个不同的关键状态，中间状态的变化和衔接由系统自动完成，也就是关键状态的帧动画。在 After Effects 软件中通过为图层或图层效果改变一个或多个属性，并把这些变化记录下来，就可以创建关键帧动画。

在 After Effects 软件中，每个可以制作动画的属性参数前都有一个【时间变化秒表】按钮，单击该按钮即可添加关键帧。【时间变化秒表】按钮处于激活状态时，图层或图层效果产生的任何改变都在【时间轴】面板中产生新的关键帧，默认情况下面板中出现的关键帧图标。当再次单击【时间变化秒表】时，将会停用自动记录关键帧功能，所有已经设置的关键帧将自动取消，如图 4-59 所示。

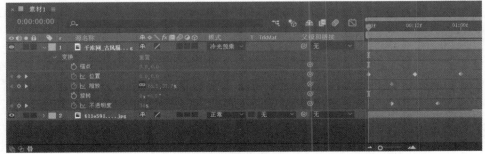
图 4-59

4.8 编辑关键帧

4.8.1 选择关键帧

当为图层添加了关键帧后，可以通过关键帧导航器从一个关键帧跳转到另一个关键帧，同时也可以对关键帧进行删除或添加的操作，如图 4-60 所示。

图 4-60

※属性详解

- 【转到上一个关键帧】：单击该按钮可以跳转到上一个关键帧的位置，快捷键为【J】。
- 【转到下一个关键帧】：单击该按钮可以跳转到下一个关键帧的位置，快捷键为【K】。
- 【在当前时间添加或移除关键帧】：当前时间点若有关键帧单击该按钮，表示取消关键帧；当前时间点若没有关键帧单击该按钮，将在当前时间点添加关键帧。

提示和小技巧
使用【转到上一个关键帧】和【转到下一个关键帧】命令时，仅适用于当前指定属性。

提示和小技巧
还可以通过下列方法选择关键帧： （1）同时选择多个关键帧：当需要选择多个关键帧时，可以按住【Shift】键，连续单击要选择的关键帧，或拖曳鼠标进行框选，在选框内的关键帧都将被选中。 （2）选择所有关键帧：当需要选择图层属性中所有的关键帧时，可以在【时间轴】面板中单击图层的属性名称即可。 （3）选择具有相同属性的关键帧：当需要选择在同一个图层中属性数值相同的关键帧时，可以选择其中一个关键帧，单击鼠标右键，在弹出的快捷菜单中选择【选择相同关键帧】命令。 （4）选择某个关键帧之前或之后的所有关键帧：当需要选择在同一个图层中某个关键帧之前或之后的所有关键帧时，可以单击鼠标右键，在弹出的快捷菜单中选择【选择前面的关键帧】命令或【选择跟随关键帧】命令。

4.8.2 精通时间重映射与动画

素材文件：案例文件\第 04 章\4.8.2\素材\Skateboarder_Big_Jump.mov。

案例文件：案例文件\第 04 章\4.8.2 精通时间重映射与动画.aep。

视频教学：视频教学\第 04 章\4.8.2 精通时间重映射与动画.mp4。

精通目的：掌握时间映射的方法，实现运动镜头中冻结画面的效果。

操作步骤

① 在 After Effects 软件中，执行【合成】>【新建合成】菜单命令，将【合成名称】设置为"时间映射"，设置【持续时间】为"0:00:30:00"，【预设】为"HDTV 1080 24"，如图 4-61 所示。

图 4-61

② 双击【项目】面板，导入"Skateboarder_Big_Jump.mov"文件，将导入的文件拖曳到"时间映射"合成项目中，查看完整视频文件，如图 4-62 所示。

图 4-62

③ 选择"Skateboarder_Big_Jump.mov"图层，单击鼠标右键，在弹出的快捷菜单中选

择【时间】>【启用时间重映射】命令，图层会自动添加首尾两个关键帧，如图 4-63 所示。

图 4-63

④ 将【当前时间指示器】拖曳到"0:00:15:00"处，将【时间重映射】属性的末尾【关键帧】拖曳到"0:00:15:00"处，按【空格】键，可以预览时间重映射后的影片效果，如图 4-64 所示。

图 4-64

⑤ 将【当前时间指示器】拖曳到"0:00:04:00"处，在当前时间点，单击【在当前时间添加或移除关键帧】按钮，为当前时间点添加【关键帧】，并复制新添加的【关键帧】，如图 4-65 所示。

图 4-65

⑥ 将【当前时间指示器】拖曳到"0:00:06:00"处，在当前时间点，执行【编辑】>【粘贴】菜单命令，将前面复制的【关键帧】粘贴到"0:00:06:00"处，如图 4-66 所示。

图 4-66

⑦ 执行【合成】>【新建合成】菜单命令，设置【合成名称】为"动画元素"，【持续时间】为"0:00:03:00"，如图 4-67 所示。

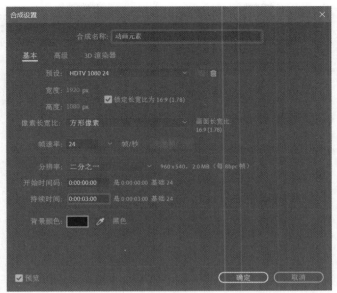

图 4-67

⑧　执行【图层】>【新建】>【形状图层】菜单命令，创建形状图层，如图 4-68 所示。

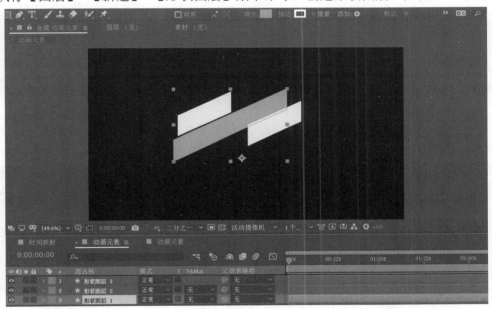

图 4-68

⑨　将【当前时间指示器】拖曳到"0:00:01:02"处，选择"形状图形 1"图层，激活【路径】属性的【时间变化秒表】按钮，将【当前时间指示器】拖曳到"0:00:00:00"处，在【合成】面板中调整路径的造型，使用【钢笔工具】将右侧两个"方形点"拖曳到与左侧"方形点"重合的位置，如图 4-69 所示。

⑩　在【时间轴】面板中将【当前时间指示器】拖曳到"0:00:00:01"处，选择"形状图形 1"图层，将该图层的【入点】调整到【当前时间指示器】的位置，如图 4-70 所示。

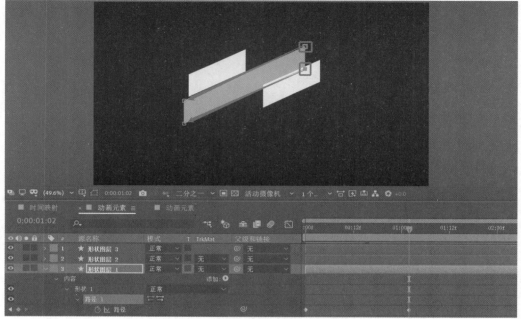

图 4-69

图 4-70

⑪ 依照上述方法分别对"形状图层 2"和"形状图层 3"进行同样操作,并调整图层的【关键帧】位置,进一步得到形状图形动画,如图 4-71 所示。

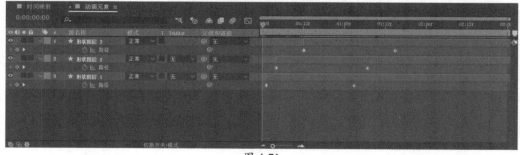

图 4-71

⑫ 执行【图层】>【新建】>【文本】菜单命令,创建文本图层,图层命名为"superman",设置【旋转】为"0x-25"与形状图层相匹配,如图 4-72 所示。

⑬ 在【动画预设】面板的搜索框中输入"打字机",将文字动画预设"打字机"拖曳到"superman"图层上,设置【关键帧】的位置,将第一个【关键帧】拖曳到"0:00:00:08"处,第二个【关键帧】拖曳到"0:00:01:09",如图 4-73 所示。

图 4-72

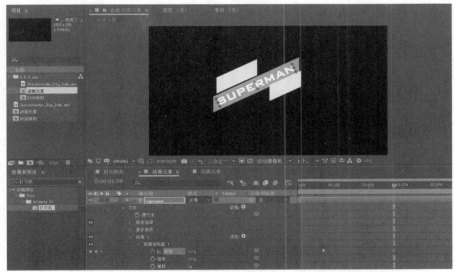

图 4-73

⑭　将"动画元素"合成拖曳到"时间映射"合成内并置于最顶层，【入点】放置在"00：00：04：00"处，如图 4-74 所示。

图 4-74

⑮ 本案例制作完毕，按【空格】键，可以预览最终效果，如图 4-75 所示。

图 4-75

4.8.3　精通慢动作效果与帧混合

素材文件： 案例文件\第 04 章\4.8.3\素材\运动员.mov。
案例文件： 案例文件\第 04 章\4.8.3\精通慢动作效果与帧混合.aep。
视频教学： 视频教学\第 04 章\4.8.3 精通慢动作效果与帧混合.mp4。
精通目的： 掌握视频素材慢动作的实现方法，结合帧混合提高素材质量。

操作步骤

① 在 After Effects 软件中，双击【项目】面板，勾选【创建合成】复选框，导入"运动员.mov"
文件，如图 4-76 所示。

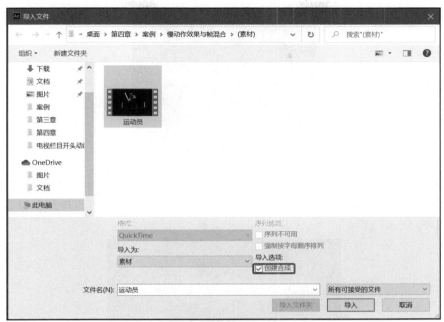

图 4-76

② 选择"运动员"合成，执行【合成】>【合成设置】菜单命令，设置【持续时间】为
"0:00:30:00"，如图 4-77 所示。

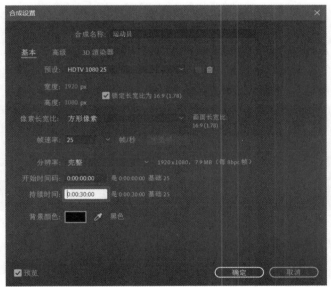

图 4-77

③ 将视频素材慢放的方法一：选择"运动员"合成，执行【图层】>【时间】>【时间
伸缩】菜单命令，将"运动员"合成的播放速度降低一倍，也就是将【时间伸缩】
对话框中的【拉伸因数】设置为"200"，可以观察到新持续时间是原始时间的 2 倍，
如图 4-78 所示。

图 4-78

④ 将视频素材慢放的方法二：选择"运动员"合成，执行【效果】>【时间】>【时间扭曲】菜单命令，在【效果控件】面板中设置【速度】为"50"，即可将视频素材放慢一倍，如图 4-79 所示。

图 4-79

⑤ 将视频素材慢放的方法三：选择"运动员"图层，单击鼠标右键，在弹出的快捷菜单中选择【时间】>【启用时间重映射】命令，图层会自动添加首尾两个【关键帧】，将【当前时间指示器】拖曳到"0:00:04:00"处，激活【时间重映射】属性的【时间变化秒表】按钮，添加一个【关键帧】，选择新添加的【关键帧】，拖曳到"0:00:02:00"处，按【空格】键，可以预览时间重映射后的素材慢速播放的效果，如图 4-80 所示。

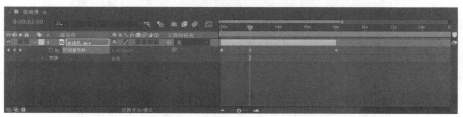

图 4-80

⑥ 选择"运动员"图层，在【时间轴】面板上，单击"运动员"图层的【帧混合】开关，将帧混合设置为【像素运动模式】，可以观察到素材的慢速运动也得到了较好的平滑处理，如图 4-81 所示。

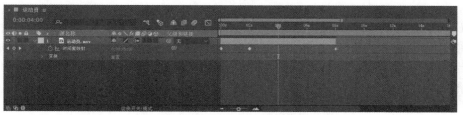

图 4-81

⑦ 本案例制作完毕，按【空格】键，可以预览最终效果，如图 4-82 所示。

图 4-82

4.8.4 移动

当需要改变关键帧在时间轴中的位置时，可以选择需要修改的关键帧进行拖拽即可。若选择的是多个关键帧整体移动，关键帧之间的相对位置保持不变。

4.8.5 修改

当需要修改关键帧数值时，可以选中需要修改参数的关键帧，双击鼠标，在弹出的对话框中输入数值即可；或在选中的关键帧上单击鼠标右键，在弹出的对话框中进行设置即可，如图 4-83 所示。

图 4-83

4.8.6 复制关键帧

选择需要复制的一个或多个关键帧，执行【编辑】>【复制】菜单命令，将【当前时间指示器】拖曳到需要粘贴的时间处，执行【编辑】>【粘帖】菜单命令即可，粘贴后的关键帧依然处于被选中的状态，可以继续对其进行编辑，也可以通过快捷键【Ctrl+C】和快捷键【Ctrl+V】完成上述操作。

提示和小技巧

当需要剪切和粘贴关键帧时，可以执行【编辑】>【剪切】菜单命令，将【当前时间指示器】拖曳到需要粘贴的时间处，执行【编辑】>【粘帖】菜单命令即可。

4.8.7 删除

选择需要删除的一个或多个关键帧，执行【编辑】>【清除】菜单命令，或按快捷键【Delete】即可删除。

4.9 关键帧曲线

4.9.1 认识关键帧曲线

在【时间轴】面板中单击【图表编辑器】按钮，即可显示关键帧曲线。在图表编辑器中，每个属性都通过它的曲线表示，可以方便地观察和处理一个或多个关键帧，如图4-84所示。

图 4-84

选择具体显示在图表编辑器中的属性：用于设置显示在图表编辑器中的属性。包括【显示选择的属性】、【显示动画属性】和【显示图表编辑器集】。

选择图表类型和选项：用于图表显示的类型等，如图4-85和图4-86所示。

图 4-85

图 4-86

※属性详解

● 【自动选择图表类型】：自动为属性选择适当的图表类型。
● 【编辑值图表】：为所有属性显示值图表。
● 【编辑速度图表】：为所有属性显示速度图表。

- 【显示参考图表】：在后台显示未选择且仅供查看的图表类型。
- 【显示音频波形】：显示音频波形。
- 【显示图层的入点/出点】：显示具有属性的所有图层的入点和出点。
- 【显示图层标记】：显示图层标记。
- 【显示图表工具技巧】：打开和关闭图表工具提示。
- 【显示表达式编辑器】：显示或隐藏表达式编辑器。
- 【允许帧之间的关键帧】：允许在两帧之间继续插入关键帧。

※属性详解

- 【变换框】：激活该按钮后，在选择多个关键帧时，显示【变换】框。
- 【吸附】：激活该按钮后，在编辑关键帧时将自动进行吸附对齐的操作。
- 【自动缩放图标高度】：切换自动缩放高度模式来自动缩放图表的高度，以使其适合图表编辑器的高度。
- 【使选择适于查看】：在图表编辑器中调整图表的值（垂直）和时间（水平）刻度，使其适合选定的关键帧。
- 【使所有图表适于查看】：在图表编辑器中调整图表的值（垂直）和时间（水平）刻度，使其适合所有图表。
- 【分离尺寸】：在调节【位置】属性时，单击该按钮可以单独调节【位置】属性的动画曲线。
- 【编辑选定的关键帧】：用于设置选定的关键帧，在弹出的菜单中选择相应的命令即可。
- 【关键帧插值设置】：用于设置关键帧插值计算方式，依次为【定格】、【线性】和【自动贝塞尔曲线】。
- 【关键帧曲线设置】：用于设置关键帧辅助类型，依次为【缓动】、【缓入】和【缓出】。

4.9.2　精通图表编辑器与图形动画

素材文件：案例文件\第 04 章\4.9.2\素材\Smoke 21。
案例文件：案例文件\第 04 章\4.9.2\精通图表编辑器与图形动画.aep。
视频教学：视频教学\第 04 章\4.9.2 精通图表编辑器与图形动画.mp4。
精通目的：掌握关键帧动画中动画缓冲的快速处理技巧，对关键帧动画进行精确控制。

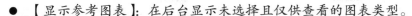操作步骤

① 在 After Effects 软件中，打开项目"案例文件\第 04 章\4.9.2\精通图表编辑器与图形动画.aep"实例文件，可以看到在【时间轴】面板中所有形状图层已经和空物体图层"空1"建立了父子链接，"空 1"图层作为父级对其他形状图层的变换属性进行代理，如图 4-87 所示。

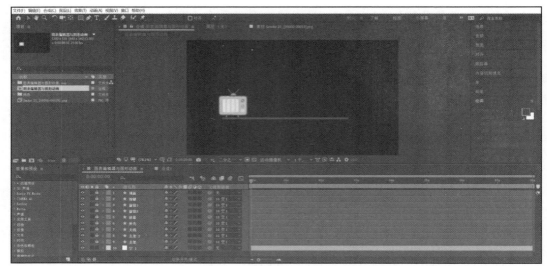

图 4-87

②　将【当前时间指示器】拖曳到"0:00:00:00"处，选择"空 1"图层，将【位置】设置为"280.0，394.0"，启动关键帧；将【当前时间指示器】拖曳到"0:00:00:06"处，将【位置】设置为"670.0，394.0"，完成电视机的基本位移动画，如图 4-88 所示。

图 4-88

③　将【当前时间指示器】拖曳到"0:00:00:10"处，选择"空 1"图层，设置【位置】为"635.0，394.0"；将【当前时间指示器】拖曳到"0:00:00:13"处，设置【位置】为"614.0，394.0"，将【当前时间指示器】拖曳到"0:00:00:16"处，设置【位置】为"627.0，394.0"，将【当前时间指示器】拖曳到"0:00:00:19"处，设置【位置】为"621.0，394.0"，实现电视机的弹动效果，如图 4-89 所示。

图 4-89

④ 选择"空 1"图层中【位置】属性的所有【关键帧】，执行【动画】>【关键帧辅助】>【缓动】菜单命令，如图 4-90 所示。

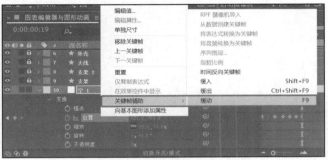

图 4-90

⑤ 选择"空 1"图层中【位置】属性的所有【关键帧】，在【时间轴】面板中单击【图表编辑器】按钮，单击【选择图表类型和选项】按钮，在弹出的菜单中选择【编辑速度图表】命令，观察位置曲线形态，如图 4-91 所示。

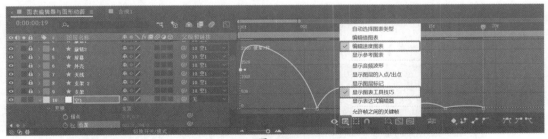

图 4-91

提示和小技巧

在【时间轴】面板中单击【图表编辑器】按钮，即可显示关键帧曲线。

⑥ 选择"空 1"图层中【位置】属性的所有【关键帧】，设置【图表编辑器】中的曲线形态，将"小圆点"向左侧适量拖曳，按【空格】键，可以预览效果，如图 4-92 所示。

⑦ 选择【多边形工具】，在【合成】面板中单击创建矩形形状图层，并【重命名】为"背景"，单独显示该图层并在【时间轴】面板中修改形状属性，设置【描边宽度】为"9.0"，【描边】颜色为"R：189，G：45，B：141"，【填充】颜色为"R：38，G：143，B：142"，如图 4-93 所示。

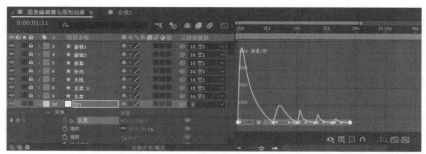

图 4-92

图 4-93

⑧ 选择"背景"图层，使用【多边形工具】在【合成】面板中单击创建多边形路径，将"多边星形 1"属性放在"矩形 1"属性之下，在【时间轴】面板中修改"多边星形 1"属性，设置【点】为"6.0"，设置【描边宽度】为"9.0"，【描边】颜色为"R：173，G：54，B：148"，【填充】颜色为"R：58，G：253，B：255"，如图 4-94 所示。

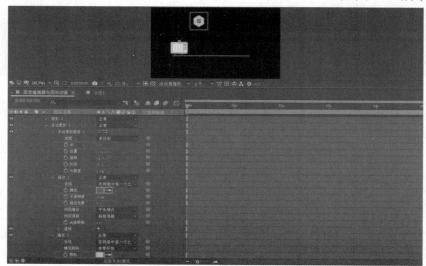

图 4-94

在形状图层上绘制不同形状的时候，可以执行【视图】>【显示栅格】菜单命令，作为图形绘制参考。

⑨　选择"背景"图层，执行【效果】>【风格化】>【cc RepeTile】菜单命令，设置【Expand Right】为"617"，【Expand Left】为"593"，【Expand Down】为"300"，【Expand Up】为"300"，如图 4-95 所示。

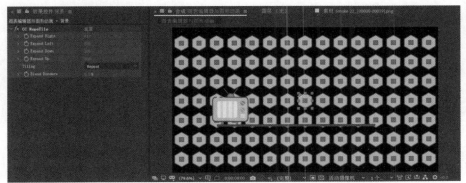

图 4-95

⑩　选择"背景"图层，执行【效果】>【风格化】>【cc Kaleida】菜单命令，设置【Size】设置为"39.0"，【Rotaion】为"0x+48.0"，可以根据需要设置【Center】位置属性的动画，如图 4-96 所示。

图 4-96

⑪　在【时间轴】面板中创建新的图层，执行【图层】>【新建】>【纯色】菜单命令，将图层【颜色】设置为"R：31，G：10，B：69"，放置在项目最底层，如图 4-97 所示。

图 4-97

⑫ 执行【图层】>【新建】>【文本】菜单命令，创建文本图层，输入文字"MTV"，设置【文字大小】为"371 像素"，如图 4-98 所示。

图 4-98

⑬ 选择"MTV"图层，执行【效果】>【透视】>【斜面 Alpha】菜单命令，设置【边缘厚度】为"14.8.0"，【灯光角度】为"0x+71.0°"，【灯光颜色】为"R：203，G：244，B：37"，如图 4-99 所示。

图 4-99

⑭ 双击【项目】面板，导入"Smoke 21_[00000-00019].png"序列文件，将其拖曳到【时间轴】面板中，打开所有图层的查看项，调整图层间的层级关系，如图 4-100 所示。

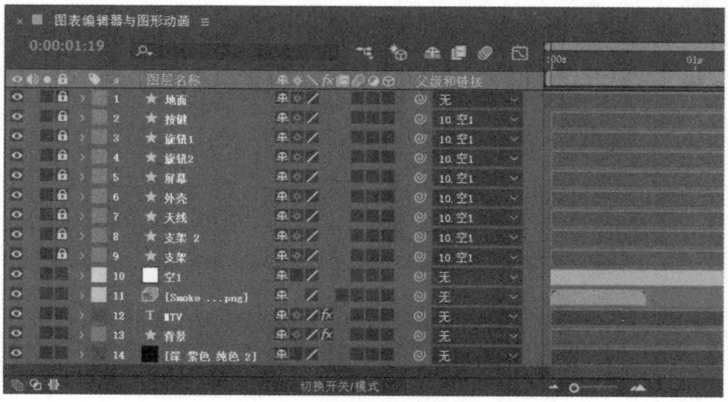

图 4-100

⑮　本案例制作完毕，按【空格】键，可以预览最终效果，如图 4-101 所示。

图 4-101

4.10　关键帧插值

4.10.1　认识关键帧插值

　　插值是在两个已知值之间填充未知数据的过程，可以在任意的两个相邻的关键帧之间的属性自动计算数值。关键帧之间的插值可以对运动、效果、音频、图像调整、不透明度、颜色变化以及许多其他视觉元素和音频元素添加动画。

　　在【时间轴】面板中，用鼠标右键单击【关键帧】按钮，在弹出的快捷菜单中选择【关键帧插值】命令，在弹出的【关键帧插值】对话框中，可以进行插值的设置，如图 4-102 所示。

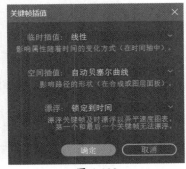

　　在【关键帧插值】对话框中，调节关键帧插值主要有 3 种方式。【临时插值】可以调整与时间相关的属性，影响属性随着时间变化的方式。【空间插值】用于影响路径的形状，只对【位置】属性有作用。【漂浮】主要用来控制关键帧是锁定到当前时间还是自动产生平滑效果。

图 4-102

　　※属性详解

　　【临时插值】与【空间插值】的插值选项大致相同，包括以下内容。

●　【当前设置】：该选项为默认，表示维持关键帧当前的状态。

- 【线性】：线性插值在关键帧之间创建统一的变化率，表现为线性的匀速变化，这种方法让动画看起来具有机械效果。
- 【贝塞尔曲线】：曲线插值是最精确的控制，可以手动调整关键帧任一侧的值图表或运动路径段的形状。在绘制复杂形状的运动路径时，可以在值图表和运动路径中单独操控贝塞尔曲线关键帧上的两个方向手柄。
- 【连续贝塞尔曲线】：连续曲线插值通过关键帧创建平滑的变化速率，可以手动设置连续贝塞尔曲线方向手柄的位置。
- 【自动贝塞尔曲线】：自动曲线插值通过关键帧创建平滑的变化速率，将自动产生速度变化。
- 【定格】：保持仅在作为【临时插值】方法时才可用。当希望图层突然出现或消失时，可以使用【定格】插值的方式，不会产生任何过渡效果。

4.10.2　精通关键帧与变形动画

素材文件：无。
案例文件：案例文件\第 04 章\4.10.2\精通关键帧与变形动画.aep。
视频教学：视频教学\第 04 章\4.10.2 精通关键帧与变形动画.mp4。
精通目的：掌握关键帧动画变形处理技巧，对路径关键帧动画进行控制。

操作步骤

① 在 After Effects 软件中，打开项目"案例文件\第 04 章\4.10.2\精通关键帧与变形动画.aep"案例文件，双击【项目】面板中"关键帧与变形动画"合成项目，如图 4-103 所示。

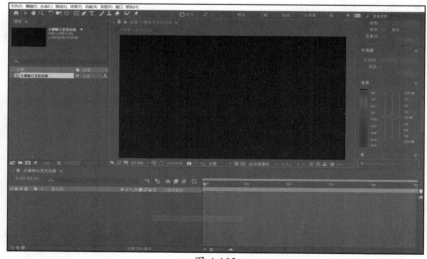

图 4-103

② 使用【矩形工具】与【多边形工具】，勾选【贝塞尔曲线路径】复选框，在【合成】面板中绘制一个"正方形"和"五角星形"系统将其自动命名为"矩形 1"与"多边星型 1"，如图 4-104 所示。

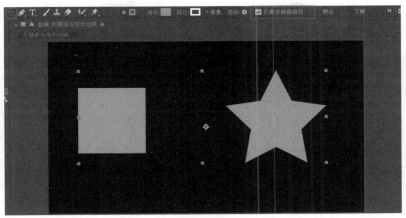

图 4-104

③ 在【时间轴】面板中，将【当前时间指示器】拖曳到"00：00：01：00"处，激活"形状图层 1"图层中"矩形 1"【路径】属性的【时间变化秒表】按钮，如图 4-105 所示。

图 4-105

④ 在【时间轴】面板中，将【当前时间指示器】拖曳到"00：00：02：00"处，按快捷键【Ctrl+C】将"形状图层 1"图层中的"多边星型 1"中的【路径】属性进行复制，按快捷键【Ctrl+V】在"形状图层 1"图层中"矩形 1"【路径】属性进行粘贴，如图 4-106 所示。

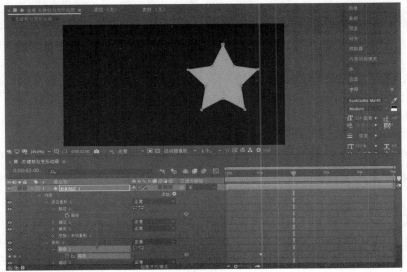

图 4-106

⑤ 在【时间轴】面板中，按【Delete】键，删除"形状图层 1"图层中的"多边星型 1"属性，如图 4-107 所示。

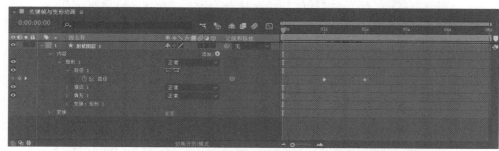

图 4-107

⑥ 本案例制作完毕，按【空格】键，可以预览最终效果，如图 4-108 所示。

图-108

4.10.3　精通关键帧动画中的拐点处理

素材文件：无。

案例文件：案例文件\第 04 章\4.10.3\精通关键帧动画中的拐点处理.aep。

视频教学：视频教学\第 04 章\4.10.3 精通关键帧动画中的拐点处理.mp4。

精通目的：掌握关键帧动画中动画缓冲的快速处理技巧，对关键帧动画进行精确控制。

🔧 **操作步骤**

① 在 After Effects 软件中，打开项目"案例文件\第 04 章\4.10.3\精通关键帧动画中的拐点处理.aep"案例文件，选择"控制器"图层，按【P】键，在【时间轴】面板上可以查看图层【位置】属性的【关键帧】，如图 4-109 所示。

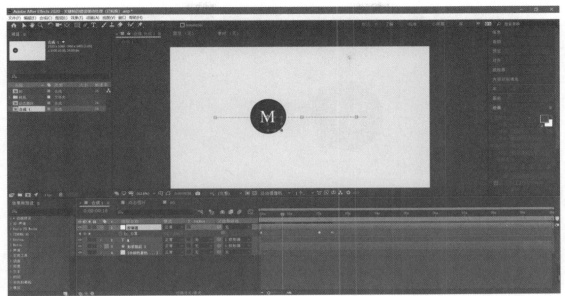

图 4-109

② 在【合成】面板中可以看到运动轨迹上有三个【关键帧】，还可以看到有一部分折返的轨迹，如图 4-110 所示。

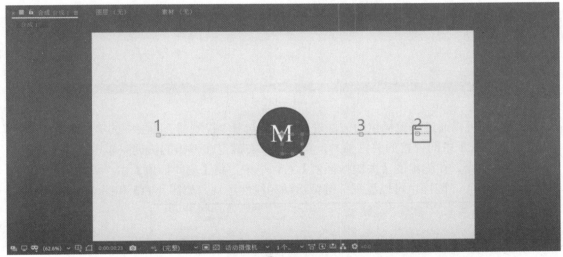

图 4-110

③ 在【合成】面板中选择图上第二个【关键帧】可以发现有控制【关键帧】的滑动手柄，在系统默认情况下动画路径折返时，记录动画的线性关键帧会出现这种缓动，从运动轨迹上看，不需要的直接返回，运动轨迹产生了变化，如图 4-111 所示。处理这种情况可以用多种方法进行校正。

④ 方法一：在【时间轴】面板上选择第二个【关键帧】，在【合成】面板中可以看到轨迹上关键帧呈"实心方块"，未被选择的关键帧呈"线框方块"，使用【钢笔工具】中的【转换顶点工具】，单击运动轨迹上的"实心方块"，可以观察到运动轨迹由控制滑杆变成了"点"，也就是完全的线性运动，这是较为快捷的校正方法，如图 4-112 所示。

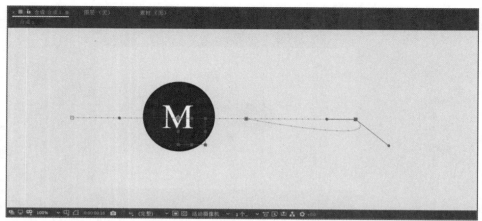

图 4-111

图 4-112

⑤ 方法二：可以通过修改插值的方法进行校正，选择"控制器"图层中的第二个【关键帧】（也就是处于中间位置的关键帧），单击鼠标右键，在弹出的快捷菜单中选择【关键帧插值】命令，在弹出的【关键帧插值】对话框中，将【空间插值】由"贝塞尔曲线"改为"线性"，同样也可以校正关键帧运动为线性运动，如图 4-113 和图 4-114 所示。

图 4-113

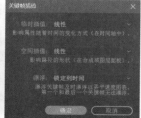

图 4-114

⑥ 本案例制作完毕，按【空格】键，可以预览最终效果，如图 4-115 所示。

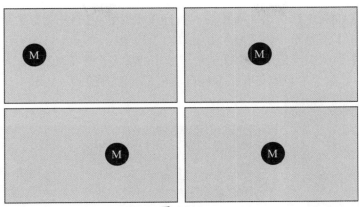

图 4-115

4.11　综合实战：图形融合动画

素材文件： 案例文件\第 04 章\4.11\素材\海鸥剪影.png、海豚剪影.png、鲸鱼剪影.png、花纹 01.png、扇子金.png、叶子.png 和叶子金.png。

案例文件： 案例文件\第 04 章\4.11\综合实战：关键帧与变形动画.aep。

视频教学： 视频教学\第 04 章\4.11 综合实战：关键帧与变形动画.mp4。

技术要点： 掌握形状图层的路径拓展应用技巧，针对路径的智能提取造型应用到变形动画中。

操作步骤

① 在 After Effects 软件中，打开项目"案例文件\第 04 章\4.11\综合实战：关键帧与变形动画.aep"案例文件，选择"海豚剪影"图层、"鲸鱼剪影"图层和"海鸥剪影"图层，确认图层的中心点位置保持一致，如图 4-116 所示。

图 4-116

② 在【时间轴】面板中选中这 3 个图层，执行【图层】>【自动追踪】菜单命令，在弹出的【自动追踪】对话框中将【容差】设置为"5"px，如图 4-117 所示。

③ 在【时间轴】面板中确认这 3 个图层是被选中的状态，按【M】键，各图层自动添加了"蒙版路径"，每个"蒙版路径"都被自动记录一个关键帧，如图 4-118 所示。

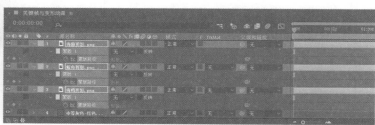

图 4-117   图 4-118

④ 执行【图层】>【新建】>【形状图层】菜单命令，创建形状图层，并命名为"形状图层变形"，选择已经创建的形状图层，展开图层的属性，单击【添加】按钮，在弹出的快捷菜单中选择【路径】命令，为图层创建一个路径，如图 4-119 所示。

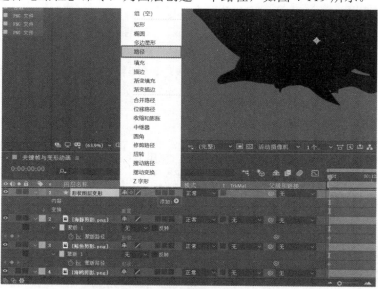

图 4-119

⑤ 选择"海豚剪影"图层，选择图层属性中的【蒙版路径】，可以观察到【时间轴】面板上的【关键帧】也变成高亮显示，执行【编辑】>【复制】菜单命令，将【当前时间指示器】拖曳到"0:00:00:01"位置，选择"形状图层变形"图层，执行【编辑】>【粘贴】菜单命令，将蒙版路径【关键帧】粘贴到该图层的【路径】属性中，如图 4-120 所示。

提示和小技巧

复制命令的快捷键是【Ctrl+C】，粘贴命令的快捷键是【Ctrl+V】，在实例中要注意复制的是【蒙版路径】，粘贴的也要是对应的【路径】属性，这是需要特别注意的部分，如错误地选择【蒙版】则会粘贴到图层的蒙版属性，这样不能形成关键帧的路径变化。

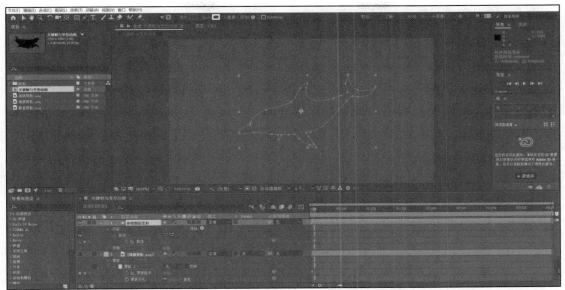

图 4-120

⑥　按照上述方法，分别将"鲸鱼剪影"图层和"海鸥剪影"图层的【蒙版路径】粘贴到"形
　　状图层变形"图层的"0:00:01:00"处和"0:00:02:00"处，如图 4-121 所示。

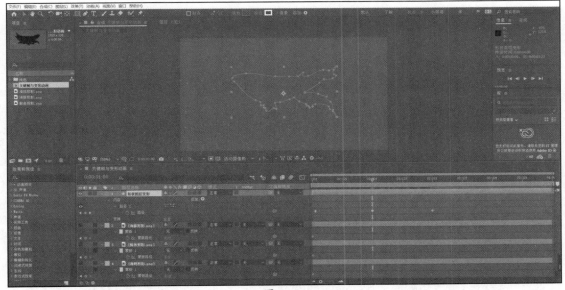

图 4-121

⑦　移动【当前时间指示器】可观察路径的变化，选择"形状图层变形"图层，展开图层的
　　属性，单击【添加】按钮，在弹出的快捷菜单中选择【填充】命令，为图层路径填充颜
　　色，再次单击【添加】按钮，在弹出的快捷菜单中选择【描边】命令，设置【描边宽度】
　　为"5.0"，如图 4-122 所示。

⑧　移动【当前时间指示器】可观察填充颜色后的路径动画，在【时间轴】面板上复制第二
　　个【关键帧】，将【当前时间指示器】拖曳到"0:00:01:10"位置进行粘贴，让鲸鱼造
　　型多停留几帧，如图 4-123 所示。

图 4-122

图 4-123

⑨ 在【时间轴】面板上选择"形状图层变形"图层中所有的路径【关键帧】，整体后移 10 帧，为第一个造型展示设置必要的展示时间，如图 4-124 所示。

图 4-124

⑩ 按【空格】键，观察变形动画的过程，在第三【关键帧】与第四【关键帧】造型的变化过程中，由于点的位移造成路径造型交叉，可以通过修改路径的点进行优化，选择"形状图层变形"图层，选取需要调整的点，单击鼠标右键，在弹出的快捷菜单中选择【蒙版和形状路径】>【设置第一个顶点】命令，通过重新设置顶点，优化造型变化中的路径交叉现象，如图 4-125 所示。

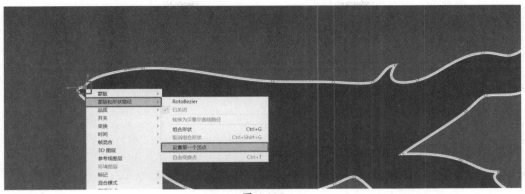

图 4-125

⑪ 在【项目】面板中导入"花纹 01"素材，将"花纹 01"与"浅色、红色、纯色 1"素材拖入"关键帧与变形动画"合成中，在"关键帧与变形动画"合成中将"海豚剪影"图层、"鲸鱼剪影"图层和"海鸥剪影"图层删除，如图 4-126 所示。

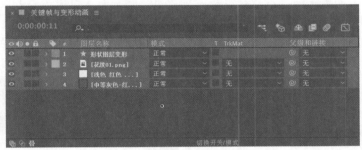

图 4-126

⑫ 在【时间轴】面板中选择"浅色、红色、纯色 1"素材，随后选择【椭圆工具】，在【合成】面板中绘制正圆，圆的大小可以将"形状图层变形"素材中的图案包裹住，单击鼠标右键，在弹出的快捷菜单中选择【图层样式】>【内阴影】命令，为图层添加样式，使用默认参数，如图 4-127 和图 4-128 所示。

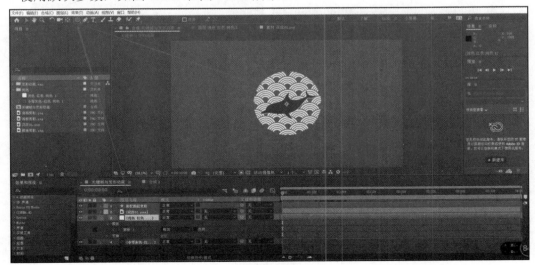

图 4-127

图 4-128

> **提示和小技巧**
>
> 　可以通过按住【Shift】键的同时拖动鼠标创建正圆。如果按快捷键【Alt+Shift】，将以鼠标落点为中心，创建正圆。

⑬　在【时间轴】面板中将"浅色、红色、纯色 1"图层的【轨道遮罩】设置为【Alpha 反转遮罩"[花纹 01.png]"】，如图 4-129 所示。

⑭　在【项目】面板中导入素材"扇子金"、"叶子"和"叶子金"，并将这些素材拖曳到"关键帧与变形动画"合成中，调整【时间轴】面板中的图层顺序，如图 4-130 所示。

图 4-129

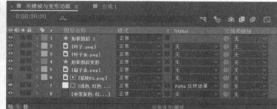

图 4-130

⑮　本案例制作完毕，按【空格】键，可以预览最终效果，如图 4-131 所示。

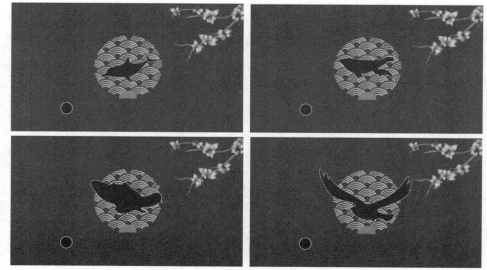

图 4-131

CHAPTER 5

三维空间动画

本章导读

After Effects 软件提供了 X 轴、Y 轴、Z 轴三个空间纬度，当 Z 轴方向上的纬度开启后图层的移动就有了远离和靠近的视觉效果。After Effects 有将二维的图层转换为三维图层的处理能力，按照 X 轴、Y 轴、Z 轴的关系创建三维空间效果。当二维图层转换为三维图层后，图层本身增加了几何选项和材质选项。为了配合几何选项的使用以及增加三维空间的真实感，软件本身还提供了 3D（三维的简写）渲染器功能与图层进行交互。在本章中将详细地介绍三维空间创建的基础知识以及相关内容的操作。

学习要点

- ☑ 三维空间的概述
- ☑ 三维图层
- ☑ 三维摄像机
- ☑ 三维灯光
- ☑ 综合实战：三维空间短视频实例

5.1 三维空间概述

　　三维是指在二维平面中又加入了一个方向向量构成的空间系。"维"是一种度量单位，在三维空间中表示方向，通过 X 轴、Y 轴、Z 轴共同建立的一个三维物体。其中 X 表示左右空间，Y 表示上下空间，Z 表示前后空间，这样就形成了人的视觉立体感。

　　在专业的三维图像制作软件中，处于三维空间中的物体，可以通过各个角度进行观察，如图 5-1 所示。在 After Effects 软件中的三维图层并不能独立创建，需要通过普通的二维图层进行转换，除音频图层外的所有图层均能转换为三维图层。

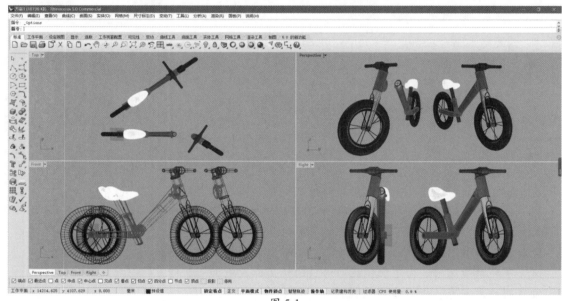

图 5-1

5.2 三维图层

5.2.1 三维图层概述

　　由于 After Effects 是基于图层的合成软件，即使将二维的图层转换为三维图层，该图层依然没有厚度信息。所展现的任何画面都是 2D（二维的简写）空间中形成的，无论是静态画面还是动态画面，到了边缘都有水平和垂直两种边界，但画面所呈现的效果可以是立体的，这是人们在视觉上形成的错觉。

　　在原始的图层基本属性中，将追加附加的属性，如位置 Z 轴、缩放 Z 轴等。After Effects 软件提供的三维图层功能虽然区别于传统的专业三维图像制作软件，但依然可以利用摄像机图层、灯光图层去模拟真实的三维空间效果，如图 5-2 所示。

5.2.2　三维图层转换

在 After Effects 软件中提供了高效的图层转换方式，仅需在【时间轴】面板中选择需要转换的图层，直接单击该图层右侧的立方体图标【3D 图层】按钮，即可完成图层转换工作，也可以在【图层】属性栏中选择【3D 图层】命令，完成图层转换，如图 5-3 所示。

图 5-2

图 5-3

提示和小技巧

还可以通过在二维图层上单击鼠标右键，在弹出的快捷菜单中选择【3D 图层】命令，将二维图层转换为三维图层。

5.2.3　三维属性参数

一、启用逐字 3D 化

文字图层在 After Effects 软件中提供了两种转换为三维图层的方式，来应对不同的需求，一种是将整个文字图层作为一个整体对象进行转换，另一种是将文字图层中的每一个文字作为独立对象进行转换。当想要将文字图层的每一个文字转换为独立的三维对象时，可以单击【文本】属性右侧的【动画】三角形按钮，在弹出的快捷菜单中选择【启用逐字 3D 化】命令，如图 5-4 所示。此时，【3D 图层】图标显示的是两个重叠的立方体图标，与普通的三维图层图标有所区别，如图 5-5 所示。

图 5-4

图 5-5

二、三维坐标系统

在对三维对象进行控制的时候，可以根据某一轴向对物体的属性进行改变。在 After Effects 软件中，提供了三种坐标轴系统，它们分别是【本地轴模式】、【世界轴模式】和【视图轴模式】，如图 5-6 所示。

文件(F) 编辑(E) 合成(C) 图层(L) 效果(T) 动画(A) 视图(V) 窗口 帮助(H)

图 5-6

图 5-7

※ 属性详解

● 【本地轴模式】：本地轴模式采用的是图层自身作为坐标系对齐的依据，将轴与三维图层的表面对齐。当选择对象与世界轴坐标不一致时，可以通过本地坐标的轴向调整对象的摆放位置，如图 5-7 所示。

● 【世界轴模式】：它与合成空间中的绝对坐标系对齐，不管怎样旋转三维图层，它的坐标轴始终是固定的，轴始终相对于三维世界的三维空间，如图 5-8 所示。

● 【视图轴模式】：将轴与用于观察和操作的视图对齐。例如，在自定义视图中对一个三维图层进行了旋转操作，并且后续还对该三维图层进行了各种变换操作，但它的轴向最终还是垂直对应用户的视图，如图 5-9 所示。

图 5-8

图 5-9

提示和小技巧

　　3D 轴是用不同颜色标志的箭头：X 轴为红色、Y 轴为绿色、Z 轴为蓝色。

　　要显示或隐藏 3D 轴、摄像机和光照线框图标、图层手柄以及目标点，可通过执行【视图】>【显示图层控件】菜单命令。在【合成】面板中选择【视图选项】命令，在弹出的【视图选项】对话框中可以进行视图的显示设置，如图 5-10 所示。

提示和小技巧

　　如果想要永久显示三维空间的三维坐标系，可以通过单击【合成】面板中的【选择网格和参考线】按钮，在弹出的快捷菜单中选择【3D 参考轴】命令，设置三维参考坐标一直处于显示状态，如图 5-11 所示。

图 5-10

图 5-11

三、三维视图操作

为了更好地观察三维图层在空间中的效果，确定图层在三维空间中的位置，在 After Effects 软件中可以通过调整视图选项和多视图编辑的模式来实现，这种操作方式与专业的三维图像软件的工作方式基本一致。

（1）视图选项

在【合成】窗口中，单击窗口底部的【3D 视图】按钮，在弹出的下拉菜单中，可以调整观察角度，如图 5-12 所示。

图 5-12

在下拉菜单中，一共有【活动摄像机】、【正面】、【左侧】、【顶部】、【背面】、【右侧】、【底部】、【自定义视图 1】、【自定义视图 2】和【自定义视图 3】10 个命令，如图 5-13 所示。其中，当选中【自定义视图 1】、【自定义视图 2】、【自定义视图 3】命令时，视图将会按照软件默认的三个不同的角度进行显示。

提示和小技巧

【活动摄像机】视图需要创建摄像机图层后，才可以进行编辑。

（2）多视图编辑

在三维空间中，多视图的编辑操作需要经常使用。在合成窗口底部的多视图编辑选项中，单击默认设置的【1 个视图】命令，在弹出的下拉菜单中有 8 个命令，如图 5-14 所示，可以通过单击任意视图选项来切换不同的视图观察模式。

四、调整三维图层参数

当二维图层转换为三维图层后，在【变换】属性组中，【锚点】、【位置】和【缩放】的属性中加入了 Z 轴参数的设置，它能够确定图层在空间中纵深方向上的位置。同时，新增了【方向】及【X 轴旋转】、【Y 轴旋转】和【Z 轴旋转】的控制参数，如图 5-15。

图 5-13 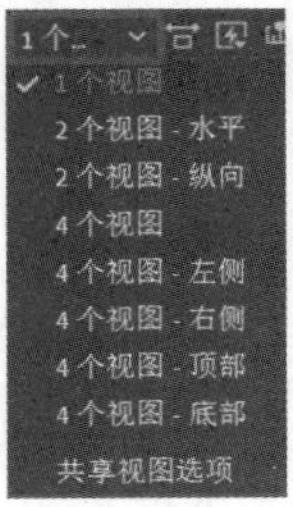　　　　图 5-14

图 5-15

（1）设置锚点

图层的旋转、位移和缩放是基于一个点来操作的，这个点就是【锚点】，用户可以通过快捷键【A】来快速打开【锚点】参数的设置窗口。除了可以通过更改【锚点】的参数来调整中心点的位置，还可以通过【工具栏】中的【锚点工具】来实现。

选择工具栏中的【锚点工具】，将鼠标放在 3D 轴控件上，可以单独对于某一轴向（X 轴、Y 轴、Z 轴）进行移动，也可以将鼠标放在 3D 轴控件的中心位置，对三个轴向同时进行调整，被调整的对象本身的显示位置并不会发生改变。

（2）设置位置与缩放

在【时间轴】面板中，展开【变换】属性组，在【位置】属性中，可以通过改变 Z 轴参数调整对象在三维空间中纵深方向上的位置。

在【缩放】属性中，同样加入了 Z 轴的参数设置，但是由于 After Effects 软件中的三维图层是由二维图层转换而来，在默认情况下，图层本身是不具有厚度的。所以，在【缩放】属性中调整 Z 轴的参数，图像本身在厚度上并没有发生任何改变。

（3）设置方向与旋转

在【方向】属性中，可以分别对 X 轴、Y 轴、Z 轴的方向进行旋转。在【旋转】属性中，X 轴、Y 轴、Z 轴的旋转参数加入了圈数的设置，用户可以直接通过设定圈数来快速完成大角度的图像旋转操作。以上两种方式均可以完成三维对象在不同方向上角度的调整。

提示和小技巧
在使用【方向】或【旋转】进行三维图层的旋转操作时，都是以图层的【锚点】作为中心点进行的。由于【旋转】属性中的圈数是以 360° 为一圈，在默认情况下，需要通过设置关键帧动画的方式才能查看旋转效果。

提示和小技巧
在【合成】面板中，拖动 3D 轴控制手柄，按住【Shift】键的同时拖动旋转，可以将旋转角度限制为 45° 增量。

五、三维图层的材质属性

当二维图层转换为三维图层后，同时添加了【材质选项】属性。在该属性中，可以为图层设置阴影、光泽、是否接受照明等参数，如图 5-16 所示。

图 5-16

※属性详解

● 【投影】：决定三维图层是否投射阴影，主要包括三种类型。在默认情况下是"关"，表示图层不投射阴影。"开"表示投射阴影，仅表示只显示阴影，原始图层将被隐藏。

● 【透光率】：设置图层经过光照后的透明程度，用于表现半透明图层在灯光下的照射效果，主要体现在投影上。透光率默认情况下为"0%"，代表投影颜色不受图层本身颜色的影响，透光率值越高，影响越大。当透光率设置为"100%"时，阴影颜色受图层本身的影响最大。

● 【接受阴影】：设置图层本身是否接受其他图层阴影的投射影响，共有【打开】、【只有阴影】和【关闭】三种模式。【打开】表示接受其他图层的投影影响，【只有阴影】表示只显示受影响的部分，【关闭】表示不受其他图层的投影影响。在默认情况下为"开"。

● 【接受灯光】：设置图层是否接受灯光的影响。"开"表示图层接受灯光的影响，图层的受光面会受到灯光强度、角度及灯光颜色等参数的影响。"关"表示图层只显示自身的默认材质，不受灯光照射的影响。

- 【环境】：设置图层受环境光影响的程度。此参数在三维空间中，当设置为有环境光的时候才能产生效果。在默认情况下为100%，表示受到环境光的影响最大，当参数为0%的时候，不受环境光的影响。
- 【漫射】：设置漫反射的程度，在默认情况下为50%。数值越大，反射光线的能力越强。
- 【镜面强度】：调整图层镜面反射的程度，数值越高，反射程度越高，高光效果越明显。
- 【镜面反光度】：设置图层镜面反射的区域，用于控制高光点的光泽度，其数值越小，镜面反射的区域就越大。
- 【金属质感】：用于控制图层的光泽感，数值越小，受灯光影响强度越高；数值越高，越接近于图层的本身颜色。

提示和小技巧

三维图层的材质属性是与灯光系统配合使用的，当场景中不含灯光图层时，材质属性不起作用。

5.2.4　精通二维图片转三维动画效果

素材文件：案例文件\第05章\案例\5.2.4\素材\2D转3D.psd。
案例文件：案例文件\第05章\案例\5.2.4\精通二维图片转三维动画效果.aep。
视频教学：视频教学\第05章\5.2.4 精通二维图片转三维动画效果.mp4。
精通目的：掌握二维图片结合摄像机工具制作三维动画的方法。

操作步骤

① 双击【项目】面板，导入"2D转3D.psd"文件，将【导入类型】设置为"合成-保持图层大小"，如图5-17所示。
② 双击【项目】面板中的"2D转3D"合成，执行【图层】>【新建】>【摄像机】菜单命令，在弹出的【摄像机设置】对话框中，设置【预设】为"50毫米"，如图5-18所示。

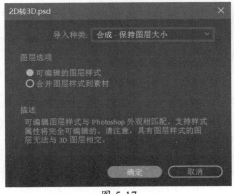

图 5-17

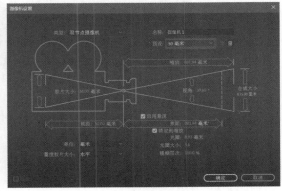

图 5-18

③ 在【时间轴】面板中选中所有图层，将图层转换为三维图层，隐藏"照片"图层，如图5-19所示。

④ 在【时间轴】面板中选中所有图层，依次调节各图层位置属性参数。将"岩石"图层的【位置】设置为"895.0，903.0，-206.0"，将"角色"图层的【位置】设置为"950.0，721.0，-206.0"，将"环境"图层的【位置】设置为"919.0，490.0，0.0"，如图 5-20 所示。

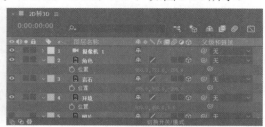

图 5-19　　　　　　　　　　　　　　　　图 5-20

⑤ 在【时间轴】面板中选中"摄像机 1"图层，将【当前时间指示器】拖曳到"0:00:00:00"处，激活【位置】和【目标点】属性的【时间变化秒表】按钮，设置【目标点】为"886.0，680.0，0.6"，【位置】为"1530.0，735.0，-1447.0"；将【当前时间指示器】拖曳到"0:00:03:00"位置，设置【目标点】为"900.0，500.0，0.0"，【位置】为"128.0，630.0，-2374.0"，如图 5-21 所示。

图 5-21

⑥ 在【时间轴】面板中选中"岩石 1"图层，执行【编辑】>【重复】菜单命令，系统自动命名为"岩石 2"，选择该图层，将【当前时间指示器】拖曳到"0:00:00:00"处，激活【位置】属性的【时间变化秒表】按钮，设置【位置】为"832.0，807.0，-888.0"，将【当前时间指示器】拖曳到"0:00:03:00"位置，设置【位置】为"898.0，807.0，-888.0"，如图 5-22 所示。

⑦ 在【时间轴】面板中选中"岩石 2"图层，单击鼠标右键，在弹出的快捷菜单中选择【效果】>【颜色校正】>【色相/饱和度】命令，设置【主饱和度】为"27"，【主亮度】为"-16"，如图 5-23 所示。

图 5-22

图 5-23

⑧ 在【时间轴】面板中选中"摄像机 1"图层，设置【景深】为"开"，将【当前时间指示器】拖曳到"0:00:00:00"处，激活【焦距】和【光圈】属性的【时间变化秒表】按钮，设置【焦距】为"1600.0"，【光圈】为"20.0"；将【当前时间指示器】拖曳到"0:00:03:00"处，设置【焦距】为"1571.0"，设置【光圈】为"160.0"，如图 5-24 所示。

图 5-24

⑨ 选择"环境"图层，单击鼠标右键，在弹出的快捷菜单中选择【效果】>【风格化】>【动态拼贴】命令，设置【输出宽度】为"500.0"，【输出高度】为"200.0"，勾选【镜像边缘】复选框，如图5-25所示。

图 5-25

⑩ 在【时间轴】面板中选择"角色"图层，在【工具栏】中选择【人偶位置控点工具】为角色设置操控点，设置【扩展】为"1.0"，【三角形】为260，如图5-26所示。

图 5-26

⑪ 在【时间轴】面板中选择"角色"图层，将【当前时间指示器】拖曳到"0:00:00:00"处，激活【操控点 11】和【操控点 1】属性的【时间变化秒表】按钮，设置【操控点11】为"177.0，20.0"，【操控点 1】为"25.0，20.0"，如图5-27所示。

⑫ 在【时间轴】面板中选择"角色"图层，将【当前时间指示器】拖曳到"0:00:02:00"处，设置【操控点 11】为"191.0，37.0"，【操控点 1】为"14.0，38.0"，如图5-28所示。

图 5-27

图 5-28

⑬　本案例制作完毕，按【空格】键，可以预览最终效果，如图 5-29 所示。

图 5-29

图 5-29（续）

5.3 三维摄像机

通过创建三维摄像机图层，可以通过摄像机视图以任何距离和任何角度来观察三维图层的效果，就像在现实生活中用摄像机拍摄一样方便。使用 After Effects 软件的三维摄像机无须为了观看场景的转动效果而去旋转场景，只须让三维摄像机围绕场景进行拍摄即可。

> **提示和小技巧**
>
> 为了匹配使用真实摄像机拍摄的影片素材，可以将 After Effects 软件的三维摄像机属性设置成真实摄像机的属性，通过对三维摄像机进行设置可以模拟出真实摄像机的景深模糊及推、拉、摇、移等效果。注意，三维摄像机仅对三维图层及二维图层中使用摄像机属性的滤镜起作用。

5.3.1 创建三维摄像机

当需要为合成添加摄像机时，可以执行【图层】>【新建】>【摄像机】菜单命令。也可以在【时间轴】面板中的空白区域，单击鼠标右键，在弹出的快捷菜单中选择【新建】>【摄像机】命令，来完成摄像机图层的创建，如图 5-30 所示。

图 5-30

> **提示和小技巧**
>
> 在场景中如果创建了多个摄像机图层，可以在【合成】面板中将视图设置为【活动摄像机】，通过多个角度进行视图的观察和显示。【活动摄像机】视图显示的是【时间轴】面板中位于最上层的摄像机图层显示的角度。

5.3.2 摄像机设置

在创建摄像机图层时，会弹出【摄像机设置】对话框，通过该对话框可以对摄像机的基本属性进行设置，如5-31所示。

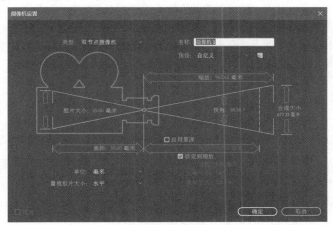

图 5-31

- 【类型】：包括单节点摄像机和双节点摄像机。双节点摄像机具有目标点参数，摄像机的拍摄方向由目标点决定，摄像机本身围绕目标点定向。单节点摄像机无目标点，由摄像机本身的位置参数和角度决定拍摄方向，如图5-32所示。

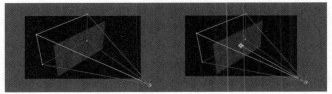

图 5-32

- 【名称】：用于设置摄像机的名字。
- 【预设】：在预置中，共提供了9种常用的摄像机设置参数，根据焦距区分。可以根据需要直接选择使用，选择不同焦距的显示效果，如图5-33所示。

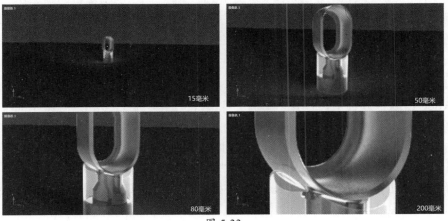

图 5-33

广角镜头的焦距短于标准镜头，视角大于标准镜头。从某一点观察的范围比正常的人眼在同一视点看到的范围更为广泛，广角镜头的场景透视效果最为明显。

长焦镜头的焦距长于标准镜头，视角小于标准镜头。在同一距离上能拍出比标准镜头更大的影像，所以拍摄的影像空间范围较小，更适合于拍摄远处的对象。

※ 属性详解

- 【缩放】：从镜头到图像平面的距离。
- 【胶片大小】：用于设置胶片的曝光区域的大小，与合成设置的大小相关。
- 【视角】：在图像中捕获的场景的宽度，也就是摄像机实际观察到的范围，由焦长、胶片尺寸和变焦三个参数来确定视角的大小。
- 【启用景深】：勾选该复选框，表示将启用景深效果。
- 【焦距】：从摄像机到图像最清晰位置的距离。
- 【锁定到缩放】：勾选该复选框，可以使焦距值与变焦值匹配。
- 【光圈】：用于设置镜头孔径的大小，数值越大，景深效果越明显，模糊程度越高。
- 【光圈大小】：（F-Stop）表示焦距与孔径的比例。光圈值与孔径成反比，孔径值越大，光圈值越小。

真实的摄像机，增大光圈数值可以允许进入更多光，这会影响曝光度，但在 After Effects 软件中则忽略了此光圈值更改的结果。

- 【模糊层次】：用于设置景深模糊的程度。数值越大景深效果越明显，降低值可减少模糊程度。
- 【单位】：设置摄像机时采用的测量单位，包括像素、英寸和毫米。
- 【量度胶片大小】：用于描述胶片大小的尺寸，包括水平、垂直和对角。

5.3.3 精通三维空间下的摄像机动画

素材文件：无。
案例文件：案例文件\第 05 章\案例\5.3.3\精通三维空间下的摄像机动画.aep。
视频教学：视频教学\第 05 章\5.3.3 精通三维空间下的摄像机动画.mp4。
精通目的：掌握三维空间内摄像机工具的使用。

操作步骤

① 在 After Effects 软件中，打开"案例文件\第 05 章\案例\5.3.3\精通三维空间下的摄像机动画.aep"文件，如图 5-34 所示。
② 双击【项目】面板中的"合成 1"合成，执行【图层】>【新建】>【摄像机】菜单命令，将【摄像机设置】中的【预设】设置为"35 毫米"，如图 5-35 所示。
③ 选择"摄像机 1"图层，执行【图层】>【摄像机】>【创建空轨道】菜单命令，创建"摄像机 1 空轨道"图层，同时与"摄像机 1"图层建立父子图层关系，如图 5-36 所示。

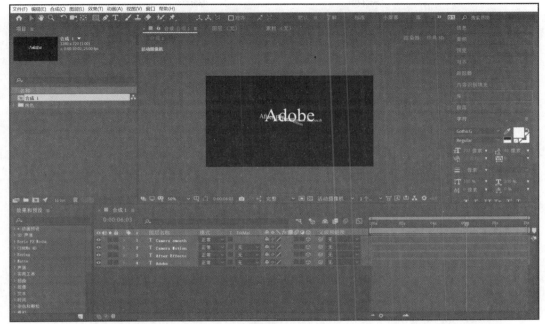

图 5-34

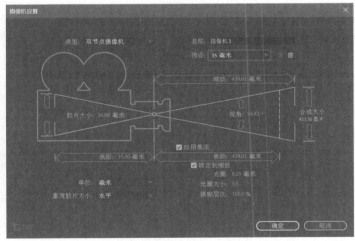

图 5-35

图 5-36

④ 选择"摄像机 1 空轨道"图层，将【当前时间指示器】拖曳到"0:00:02:00"处，激活
    【位置】属性【X 轴旋转】属性、【Y 轴旋转】属性和【Z 轴旋转】属性的【时间变化秒
    表】按钮，如图 5-37 所示。

图 5-37

⑤ 选择"摄像机 1"图层，将【当前时间指示器】拖曳到"0:00:00:01"处，激活【景深】属性、【焦距】属性和【光圈】属性的【时间变化秒表】按钮，设置【景深】为"开"，【焦距】为"1430.0"像素，【光圈】设置为"150.0"像素，如图 5-38 所示。

图 5-38

⑥ 将"After Effects"图层作为"摄像机 1 空轨道"图层的子级图层，选择"摄像机 1 空轨道"图层，将【当前时间指示器】拖曳到"0:00:04:00"处，设置【位置】为"0.0，0.0，0.0"，【Y轴旋转】为"0x +25.0°"，【X轴旋转】为"0x +49.0°"，如图 5-39 所示。

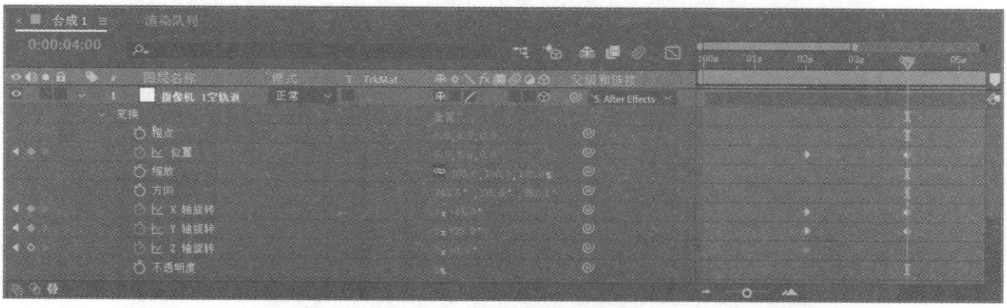

图 5-39

⑦ 将"Camera smooth"图层作为"摄像机 1 空轨道"图层的子级图层，选择"摄像机 1 空轨道"图层，将【当前时间指示器】拖曳到"0:00:06:00"处，设置【位置】为"0.0，0.0，0.0"，【Y轴旋转】为"0x -27.0°"，【X轴旋转】为"0x +49.0°"，如图 5-40 所示。

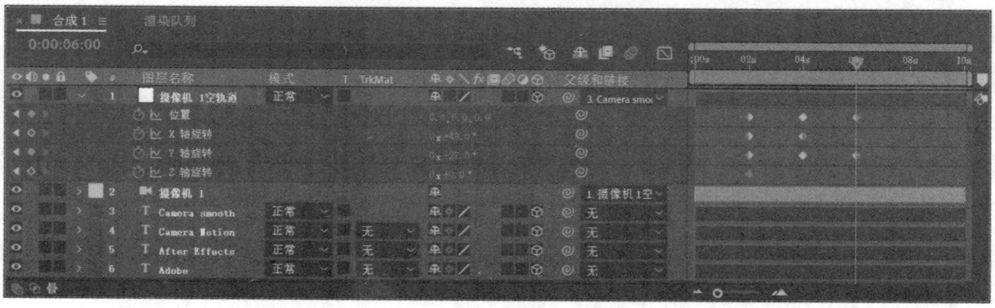

图 5-40

⑧ 将"Camera Motion"图层作为"摄像机 1 空轨道"图层的子级图层,选择"摄像机 1 空轨道"图层,将【当前时间指示器】拖曳到"0:00:08:00"位置,设置【位置】为"0.0,0.0,0.0",将【Y 轴旋转】为"0x +21.0°",如图 5-41 所示。

图 5-41

⑨ 执行【图层】>【新建】>【纯色】菜单命令,在弹出【纯色设置】对话框中,单击【制作合成大小】按钮,设置【颜色】为"R:20,G:120,B:223",如图 5-42 所示。选择"品蓝色纯色 1"图层,单击鼠标右键,在弹出的快捷菜单中选择【效果】>【生成】>【梯度渐变】命令,设置【渐变起点】为"456.0,-24.0",【渐变终点】为"696.0,816.0",【渐变形状】为"径向渐变",【起始颜色】为"R:63,G:124,B:239",【结束颜色】为"R:98,G:134,B:202",【不透明度】为"20%",如图 5-43 所示。

图 5-42   图 5-43

⑩ 执行【图层】>【新建】>【纯色】菜单命令,将图层命名为"粒子"。选择"粒子"图层,单击鼠标右键,在弹出的快捷菜单中选择【效果】>【模拟】>【CC Particle Word】命令,设置【Longevity(sec)(粒子寿命)】为"1.50";设置【Producer(发生器)】属性下的【Position Z】为"1.90",【Radius X】为"0.960",【Radius Y】为"1.500",【Radius Z】为"2.800";设置【Physics(物理性质)】属性下的【Gravity】为"0";设置【Particle(粒子)】属性下的【Particle Type(粒子类型)】为"Shaded Sphere",如图 5-44 所示。

⑪ 在【时间轴】面板中激活"粒子"图层的【运动模糊】按钮,并单击【时间轴】面板中的【运动模糊】按钮,如图 5-45 所示。

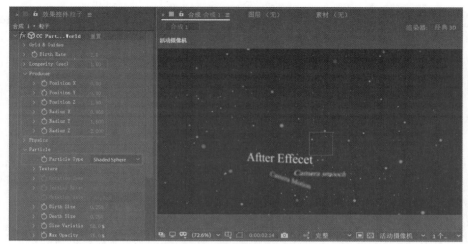

图 5-44

图 5-45

⑫ 本案例制作完毕，按【空格】键，可以预览最终效果，如图 5-46 所示。

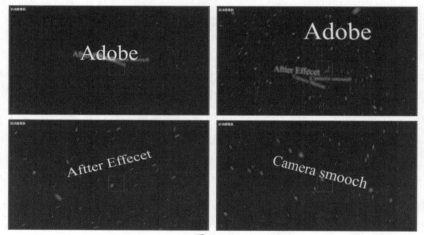

图 5-46

5.3.4 设置摄像机运动

在使用真实的摄像机进行拍摄时，经常会使用一些运动镜头来增加画面的动感，常见的运动镜头有推、拉、摇、移。当在合成中创建了三维图层和摄像机后，就可以使用摄像机移动工具进行模拟操作了。

※ 属性详解

- 【推镜头】：在视频制作中经常使用的方法之一，使摄像机镜头与画面逐渐靠近，画面内的景物逐渐放大，使观众的视线从整体看到某一布局。在 After Effects 软件中有两种方法可以实现推镜头的效果：一种是通过改变摄像机图层的 Z 轴参数来完成，使摄像机向被拍摄物体移动，从而达到主体物被放大的效果；另一种是保持摄像机的位置参数不变，通过修改摄像机选项中的缩放参数来实现推镜头效果。这种方式保证了摄像机与被拍摄物体之间的位置不变动，但会造成画面的透视关系的变化。

- 【拉镜头】：摄像机拍摄时通过向后移动，逐渐远离被拍摄主体，画面从一个局部逐渐扩展，景别逐渐扩大，观众视点后移，看到局部和整体之间的联系。拉镜头的操作方法与推镜头正好相反。

- 【摇镜头】：当不能在单个静止画面中包含所要拍摄的对象或拍摄的对象是运动状态时，可以通过保持摄像机的机位不动，变动摄像机镜头轴线的方法来实现。在 After Effects 中，可以通过移动摄像机的目标兴趣点来模拟摇镜头的效果。

- 【移镜头】：当在水平方向和垂直方向上按照一定的运动轨迹进行拍摄时，机位发生变化，边移动边拍摄的方法被称为移镜头。

在工具栏中，单击【摄像机工具】命令，在弹出的下拉列表中是常用的摄像机操作工具。可以通过按【C】键循环切换摄像机图层的控制工具，如图 5-47 所示。

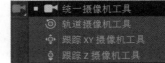

图 5-47

- 【统一摄像机工具】：在各种摄像机工具之间最简便的切换方法是选择合并摄像机工具，然后使用鼠标，分别对摄像机进行旋转（鼠标左键）、XY 轴向上的平移（鼠标中键）及 Z 轴上的推拉（鼠标右键）。

- 【轨道摄像机工具】：使用该工具，可以通过围绕目标点移动来旋转三维视图或摄像机。

- 【跟踪 XY 摄像机工具】：使用该工具，可以在水平或垂直方向上调整三维视图或摄像机。

- 【跟踪 Z 摄像机工具】：使用该工具，可以沿 Z 轴将三维视图或摄像机调整到目标点。

5.4　三维灯光

灯光层的创建，可以配合三维图层的质感属性，来影响三维图层的表面颜色。可以为三维图层添加灯光照明效果，来模拟更加真实的自然环境。

5.4.1　创建灯光

当需要为合成添加灯光照明时，可以执行【图层】>【新建】>【灯光】菜单命令。也可以在【时间轴】面板中的空白区域单击鼠标右键，在弹出的快捷菜单中选择【新建】>【灯光】命令，创建灯光图层，如图 5-48 所示。

5.4.2 灯光设置

在 After Effects 软件中灯光类型主要有 4 种，包括"平行光"、"聚光"、"点"和"环境"，如图 5-49 所示。

图 5-48

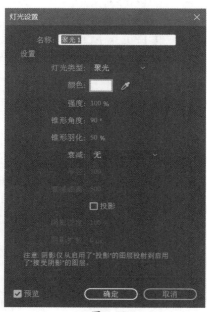

图 5-49

※ **属性详解**

● 【平行】：光线从某个点发射并照向目标位置，不是平行照射，类似太阳光，光照范围是无限远的，它可以照亮场景中位于目标位置的每个物体，如图 5-50 所示。

● 【聚光】：聚光类似手电筒所发射的圆锥形的光线，光线具有明显的方向性，根据圆锥的角度确定照射范围，这种光容易生成有光区域和无光区域，如图 5-51 所示。

图 5-50

图 5-51

- 【点】：从一个点向四周 360 度发射光线，类似裸露的灯泡的照射效果，如图 5-52 所示。
- 【环境】：光线没有发光源，可以照亮场景中所有的物体，但环境光源无法产生投影，通过改变光源的颜色来统一整个画面的色调，如图 5-53 所示。

图 5-52

图 5-53

- 【颜色】：设置灯光的颜色。
- 【强度】：设置灯光的强度，数值越大，强度越高。

- 【锥形角度】：用于设置圆锥的角度，当灯光为聚光时激活此项，用于控制光照范围。
- 【锥形羽化】：用于设置聚光的边缘柔化程度，一般与圆锥角参数配合使用，为聚光照射区域和不照射区域的边界设置柔和的过渡效果。羽化值越大，边缘越柔和。
- 【衰减】：用于设置除环境光以外的灯光衰减。包括"无""平滑""反向平方限制" 3 个选项。其中，"无"表示灯光在发射过程中，不产生任何衰减。"平滑"表示从衰减距离开始平滑线性衰减至无任何灯光效果。"反向平方限制"表示从衰减位置开始按照比例减少直至无任何灯光效果。
- 【半径】：用于设置光照衰减的半径。在指定距离内，灯光不产生任何衰减。
- 【衰减距离】：用于设置光照衰减的距离。
- 【投影】：用于设置灯光是否投射阴影。需要注意的是，只有与被灯光照射的三维图层的【质感】属性中的【投射阴影】选项同时打开时才可以产生投影。
- 【阴影深度】：用于设置阴影的浓度，数值越高，阴影效果越明显。
- 【阴影扩散】：用于设置阴影边缘的羽化程度，阴影扩散值越高，边缘越柔和。

5.4.3　精通三维空间灯光动画

素材文件：案例文件\第 05 章\5.4.3\素材\文字素材.txt。
案例文件：案例文件\第 05 章\5.4.3\精通灯光动画.aep。
视频教学：视频教学\第 05 章\5.4.3 精通灯光动画.mp4。
精通目的：掌握三维空间摄像机工具灯光动画的使用。

操作步骤

① 在 After Effects 软件中，执行【合成】>【新建合成】菜单命令，在弹出的【合成设置】对话框中，设置【合成名称】为"灯光动画"，【预设】为"HDV/HDTV 720 25"，【持

续时间】为"0:00:10:00",如图 5-54 所示。

② 执行【图层】>【新建】>【文字】菜单命令,创建文本图层并命名为"文字图层 1",输入"英文素材 txt"中的内容;选择"文字图层 1"图层,执行【图层】>【预合成】菜单命令,在弹出的【预合成】对话框中,勾选【将所有属性移动到新合成】复选框,设置【新合成名称】为"1",如图 5-55 所示。

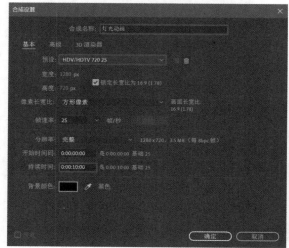
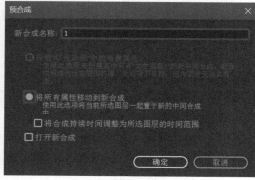

图 5-54   图 5-55

③ 在【时间轴】面板中选中图层"1",按快捷键【Ctrl+D】复制 4 个合成图层,将其分别重命名为"2""3""4""5",并且将所有图层全部转换为三维图层,如图 5-56 所示。

图 5-56

④ 分别设置这些图层的位置参数,将图层"1"的【位置】设置为"640.0,360.0,3976.0",图层"2"的【位置】设置为"656.0,132.0,0.0",图层"3"的【位置】设置为"630.0,580.0,0.0",图层"4"的【位置】设置为"262.0,352.0,0.0",图层"5"的【位置】设置为"1016.0,352.0,0.0",如图 5-57 所示。

⑤ 在【时间轴】面板中选中所有图层,依次调节各图层【旋转】属性的参数。将图层"1"的【X 轴旋转】、【Y 轴旋转】和【Z 轴旋转】分别设置为"0x +0.0°";图层"2"的【Y 轴旋转】设置为"0x +0.0°",【X 轴旋转】和【Z 轴旋转】分别设置为"0x +90.0°";图层"3"的【Y 轴旋转】设置为"0x +0.0°",【X 轴旋转】和【Z 轴旋转】分别设置为"0x 90°";图层"4"的【X 轴旋转】设置为"1x+90.0°",【Y 轴旋转】设置为"0x +270.0°",【Z 轴旋转】设置为"0x +90.0°";图层"5"的【X 轴旋转】设置为"0x -90.0°",【Y 轴旋转】和【Z 轴旋转】分别设置为"0x +90.0°",如图 5-58 所示。

图 5-57

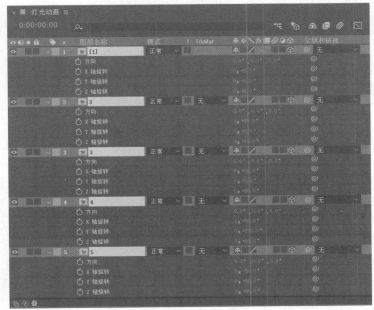

图 5-58

⑥ 选择图层 "2" 至图层 "5"，执行【效果】>【风格化】>【动态拼贴】菜单命令，在【效果控件】面板中设置【动态拼贴】效果属性中【输出宽度】为 "300.0"，如图 5-59 所示。

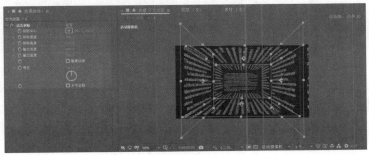

图 5-59

⑦ 在【合成】面板底部的多视图编辑选项中，单击默认设置的【1 个视图】选项，在弹出的下拉菜单中，选择【4 个视图】选项，通过单击任意视图选项来切换不同的视图观察模式，调整后的三维空间，如图 5-60 所示。

⑧ 执行【图层】>【新建】>【灯光】菜单命令,创建灯光图层,在【灯光设置】对话框中设置【名称】为"点光1",【灯光类型】为"点",【强度】为"230%",【衰减】为"反向平方限制",【半径】为"1250",【颜色】为"蓝色",如图5-61所示。

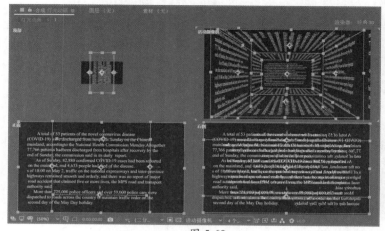

图 5-60   图 5-61

⑨ 执行【新建】>【摄像机】菜单命令,创建摄像机图层,设置【预置值】为"35毫米",调整灯光和摄像机的位置,如图5-62所示。

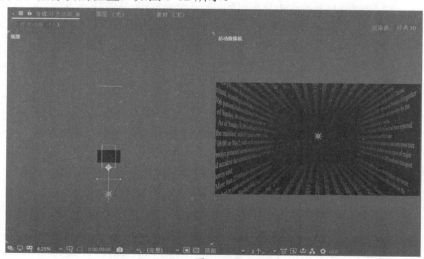

图 5-62

⑩ 执行【图层】>【新建】>【文本】菜单命令,创建文本图层,输入文本"矩阵文字";将该图层转换为三维图层,设置【位置】为"608.0,269.0,428.0",重复上述操作创建文字图层"矩阵文字2",设置【位置】为"610.0,267.0,428.0",如图5-63所示。

⑪ 选择灯光图层"点光1",将【当前时间指示器】拖曳到"0:00:00:00"处,激活【位置】属性的【时间变化秒表】按钮,将【位置】设置为"637.0,349.0,2214.0",将【当前时间指示器】拖曳到"0:00:06:00"处,将【位置】设置为"637.0,349.0,394.0";将【当前时间指示器】拖曳到"0:00:05:12"处,激活【强度】属性的【时间变化秒表】按钮,设置【强度】为"230%",将【当前时间指示器】拖曳到"0:00:05:20"处,设置【强

度】为"0%",将【当前时间指示器】拖曳到"0:00:05:23"处,设置【强度】为"150%",将【当前时间指示器】拖曳到"0:00:06:00"处,设置【强度】为"0%",如图 5-64 所示。

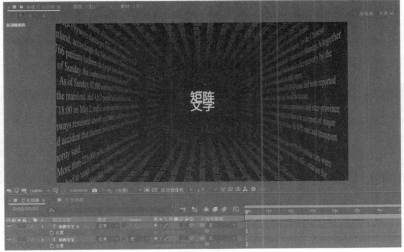

图 5-63

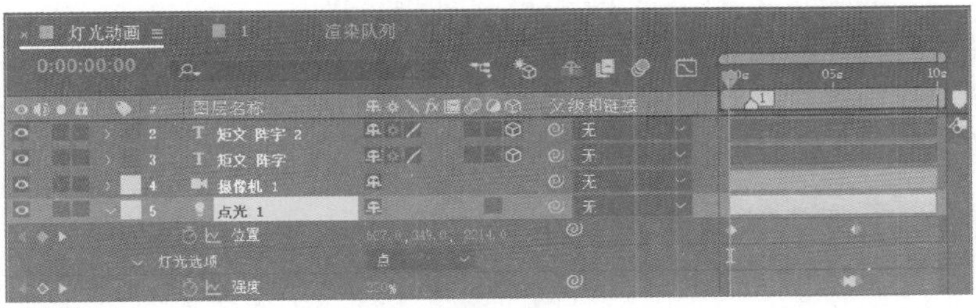

图 5-64

⑫ 选择灯光图层"点光 1",激活【半径】属性的【时间变化秒表】按钮,将【当前时间指示器】拖曳到"0:00:00:00"处,设置【半径】为"2000.0",将【当前时间指示器】拖曳到"0:00:02:00"处,设置【半径】为"500.0",将【当前时间指示器】拖曳到"0:00:04:00"处,设置【半径】为"250.0",将【当前时间指示器】拖曳到"0:00:05:12"处,设置【半径】为"139.0",将【当前时间指示器】拖曳到"0:00:06:00"处,设置【半径】为"100.0";将【当前时间指示器】拖曳到"0:00:01:00"处,激活【衰减距离】属性的【时间变化秒表】按钮,设置【衰减距离】为"1250.0",将【当前时间指示器】拖曳到"0:00:03:00"处,设置【衰减距离】为"400.0",将【当前时间指示器】拖曳到"0:00:05:00"处,设置【衰减距离】为"300.0",如图 5-65 所示。

图 5-65

⑬ 本案例制作完毕，按【空格】键，可以预览最终效果，如图 5-66 所示。

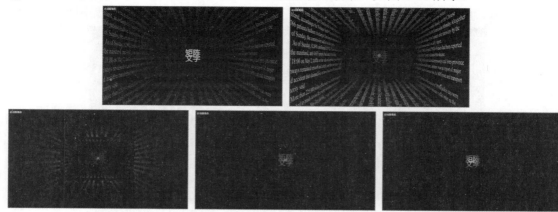

图 5-66

5.4.4 精通三维动画场景的基本搭建

素材文件：案例文件\第 05 章\5.4.4\素材\卡通场景.psd。
案例文件：案例文件\第 05 章\5.4.4\精通三维动画场景的基本搭建.aep。
视频教学：视频教学\第 05 章\5.4.4 精通三维动画场景的基本搭建.mvp。
精通目的：掌握搭建三维动画场景的基本方法。

操作步骤

① 在 After Effects 软件中，双击【项目】面板，导入"卡通场景.psd"文件，将【导入类型】设置为"合成-保持图层大小"，如图 5-67 所示。
② 双击【项目】面板中的"卡通场景"合成，执行【合成】>【合成设置】菜单命令，在弹出的【合成设置】对话框中，设置【持续时间】为"0:00:05:00"，如图 5-68 所示。

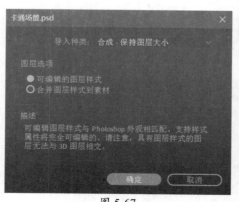

图 5-67

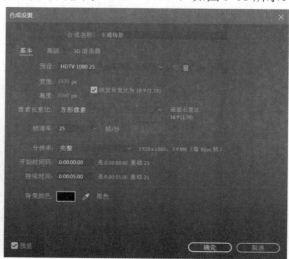

图 5-68

③ 在【时间轴】面板中将图层转换为三维图层，如图 5-69 所示。

图 5-69

④ 在【时间轴】面板中，单击鼠标右键，在弹出的快捷菜单中选择【新建】>【摄像机】命令，在弹出的【摄像机设置】对话框中，设置【类型】为"双节点摄像机"，【预设】为"35 毫米"，如图 5-70 所示。

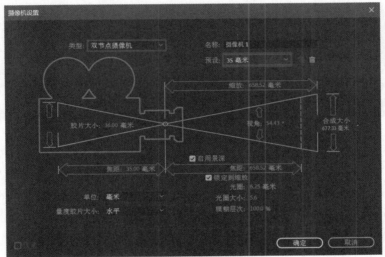

图 5-70

⑤ 在【时间轴】面板中选中所有图层，依次调节各图层位置属性参数。将"热气球"图层的【位置】设置为"1680.0，324.0，-288.0"，"火堆"图层的【位置】设置为"707.0，901.0，-336.0"，"狗"图层的【位置】设置为"467.0，872.0，-288.0"，"帐篷"图层的【位置】设置为"417.0，781.0，-176.0"，"路"图层的【位置】设置为"900.0，1026.0，0.0"，"麋鹿"图层的【位置】设置为"1091.0，835.0，0.0"，"月亮"图层的【位置】设置为"224.0，116.0，288.0"，"路 2"图层的【位置】设置为"764.0，840.0，399.0"，"动车"图层的【位置】设置为"1447.0，565.0，344.0"，"桥"图层的【位置】设置为"720.0，686.0，288.0"，"近景山"图层的【位置】设置为"960.0，700.0，-76.0"，"中景山"图层的【位置】设置为"988.0，540.0，204.0"，"远景山"图层的【位置】设置为"960.0，456.0，684.0"，如图 5-71 所示。

⑥ 执行【图层】>【新建】>【纯色】菜单命令，在弹出的【纯色设置】对话框中，设置【颜色】为"深蓝色"，重命名为"背景"，将该图层置于最底层，如图 5-72 所示。

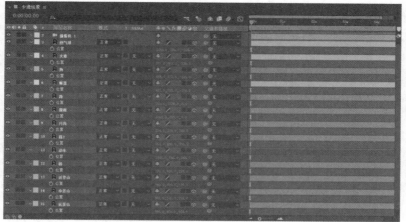

图 5-71

图 5-72

⑦ 执行【图层】>【新建】>【灯光】菜单命令，在弹出的【灯光设置】对话框中，设置【名称】为"平行光 1"，【颜色】为"R:21，G:60，B:68"，【灯光类型】为"平行"，【强度】为"221%"，【衰减】为"平滑"，【半径】为"500"，【衰减距离】为"1800"，【阴影深度】为"80%"，并勾选【投影】复选框，如图 5-73 所示。

⑧ 在【时间轴】面板中选择"平行光 1"图层，调节相关属性参数，设置【目标点】为"272.0，397.0，544.0"，【位置】为"1580.0，300.0，-442.0"，如图 5-74 所示。

图 5-73

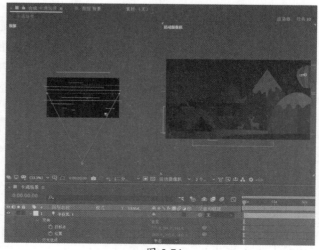

图 5-74

⑨ 执行【图层】>【新建】>【灯光】菜单命令，创建用于照亮场景中部的光源。在弹出的
【灯光设置】对话框中，设置【名称】为"平行光 2"，【颜色】为"R:239，G:246，B:200"，
【灯光类型】为"平行"，【强度】为"100%"，【衰减】为"平滑"，【半径】为"150"，
【衰减距离】为"450"，如图 5-75 所示。

⑩ 在【时间轴】面板中选择"平行光 2"图层，调节相关属性参数，设置【目标点】为"348.0，
920.0，572.0"，【位置】为"1057.0，507.0，498.0"，如图 5-76 所示。

图 5-75

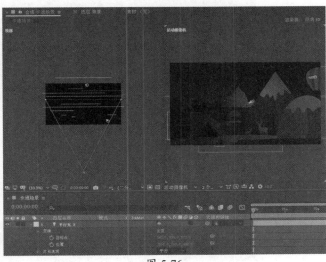

图 5-76

⑪ 执行【图层】>【新建】>【灯光】菜单命令，创建用于照明场景前景部分的光源。在【灯
光设置】对话框中，设置【名称】为"点光 1"，【颜色】为"R:205，G:231，B:67"，【灯
光类型】为"点"，【强度】为"150%"，【衰减】为"平滑"，【半径】为"200"，【衰减
距离】为"400"，如图 5-77 所示。

⑫ 在【时间轴】面板中选择"点光 1"图层，设置【位置】为"714.0，930.0，-352.0"，
如图 5-78 所示。

图 5-77

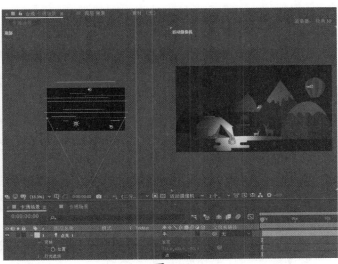

图 5-78

⑬ 应用【钢笔】工具绘制形状图层并命名为"车灯"，使用【锚点】工具将图层的锚点拖曳到图层右下角，如图 5-79 所示。

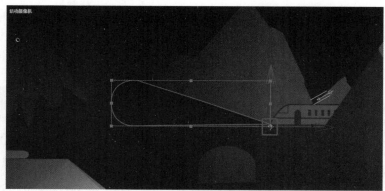

图 5-79

⑭ 选择"车灯"图层，在右键菜单中执行【效果】>【生成】>【梯度渐变】命令，设置【渐变起点】为"839.0，545.0"，【渐变终点】为"632.0，517.0"，【渐变形状】为"径向渐变"，【起始颜色】为"R:28，G:250，B:239"，【结束颜色】为"R:255，G:255，B:255"，如图 5-80 所示。

图 5-80

⑮ 选择"车灯"图层，在右键菜单中执行【效果】>【过渡】>【线性擦除】命令，设置【过渡完成】为"40%"，【擦除角度】为"0x +90.0°"，【羽化】为"85.0"，如图 5-81 所示。

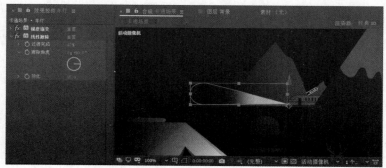

图 5-81

⑯ 选择"车灯"图层，在右键菜单中执行【效果】>【模糊和锐化】>【径向模糊】命令，设置【数量】为"5.0"，如图 5-82 所示。

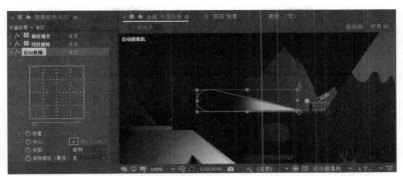

图 5-82

⑰ 在【时间轴】面板中选择"车灯"图层，在【父级】选项中设置"动车"图层为父级图层，如图 5-83 所示。

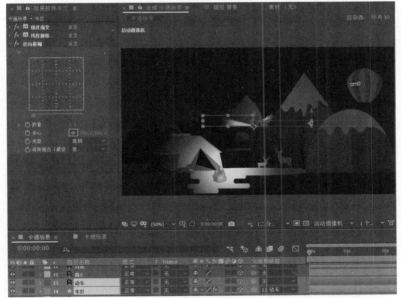

图 5-83

⑱ 在【时间轴】面板中选择"动车"图层，将【当前时间指示器】拖曳到 0:00:00:00 位置，激活【位置】属性的【时间变化秒表】按钮，将【位置】设置为"2163.0，565.0，344.0"，将【当前时间指示器】拖曳到 0:00:04:00 位置，将【位置】设置为"631.0，565.0，344.0"，如图 5-84 所示。

⑲ 执行【图层】>【新建】>【纯色】菜单命令，并命名为"雪"。选择"雪"图层，放置于"月亮"图层下方。在右键菜单中执行【效果】>【模拟】>【CC Snowfall】命令，设置【Size】为"6.00"，取消【Composite With Original】复选框的勾选，如图 5-85 所示。

⑳ 在【时间轴】面板中选择"摄像机 1"图层，将【当前时间指示器】拖曳到 0:00:00:00 位置，激活【位置】属性的【时间变化秒表】按钮，将【位置】设置为"960.0，540.0，-842.0"，将【当前时间指示器】拖曳到 0:00:04:00 位置，将【位置】设置为"960.0，540.0，-2026.0"，如图 5-86 所示。

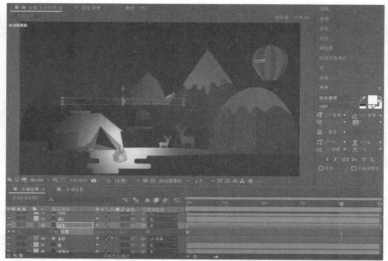

图 5-84

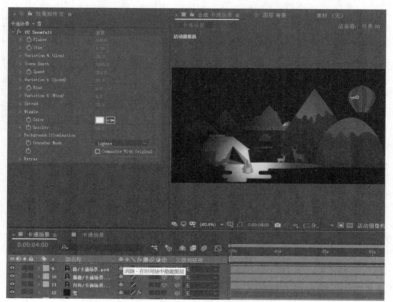

图 5-85

图 5-86

㉑ 本案例制作完毕，按【空格】键，可以预览最终效果，如图 5-87 所示。

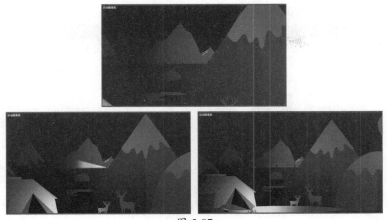

图 5-87

5.5 综合实战：三维空间短视频实例

素材文件：案例文件\第 05 章\5.5\素材\水墨场景.psd、2_h.264.mov、亭子.png、竹子近.png、竹子远.png、音乐.mp3、飞鸟序列素材。

案例文件：案例文件\第 05 章\5.5\三维空间短视频实例.aep。

视频教学：视频教学\第 05 章\5.5 三维空间短视频实例.mp4。

技术要点：三维空间短视频实例是为了加深多类型格式的操作，掌握快速统一画面色彩的技巧与二维三维图层的应用。

操作步骤

① 在 After Effects 软件中，双击【项目】面板，导入"水墨场景.psd"文件，将【导入种类】设置为"合成-保持图层大小"，选择【可编辑的图层样式】单选按钮，如图 5-88 所示。

② 双击【项目】面板，导入"亭子.png"、"竹子近.png"、"竹子远.png"、"音乐.mp3"和"2_h.264.mov"等文件，如图 5-89 所示。

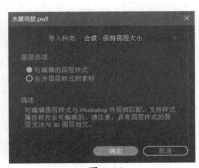

图 5-88

图 5-89

③ 双击【项目】面板，导入"birds_00000.png"文件，在【导入文件】对话框中勾选【PNG序列】复选框，如图 5-90 所示。

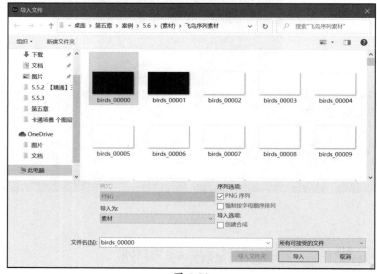

图 5-90

④ 将导入的素材全部拖到"水墨场景"的合成中，并重新排列图层顺序，如图 5-91 所示。

⑤ 在【时间轴】面板中选中所有图层，将图层转换为三维图层，依次调整各图层位置属性参数。将"红日"图层的【位置】设置为"920.9，552.4，1617.3"，"竹子近"图层的【位置】设置为"1188.0，568.0，-1410.0"，"竹子远"图层的【位置】设置为"1452.0，604.0，-822.0"，"房屋近景"图层的【位置】设置为"1902.0，540.0，1098.0"，"房屋远景"图层的【位置】设置为"1158.0，540.0，1476.0"，"房屋中景"图层的【位置】设置为"464.0，540.0，1170.0"，"亭子.png"图层的【位置】设置为"752.0，769.0，-321.0"，"渔船"图层的【位置】设置为"1450.0，540.0，863.0"；调整"背景"图层和"birds_00000.png"图层为二维图层，将"birds_00000.png"图层的【位置】设置为"1072.0，372.0"，"背景"图层的【位置】设置为"960.0，540.0"，如图 5-92 所示。

图 5-91

图 5-92

⑥ 在【时间轴】面板中单击鼠标右键，在弹出的快捷菜单中选择【新建】>【摄像机 1】命令，在【摄像机设置】面板中将【类型】设置为"双节点摄像机"，同时将【预置】选项设置为"35 毫米"。在【时间轴】面板中选中"摄像机 1"图层，将【当前时间指示器】拖曳到 0:00:00:00 位置，激活【位置】属性的【时间变化秒表】按钮，设置【位置】为"960.0，540.0，-2586.0"，【目标点】为"1320.0，540.0，1302.0"，【景深】为"开"，【焦距】为"1866.0 像素"，【光圈】为"100.0 像素"，如图 5-93 所示。

图 5-93

⑦ 在【时间轴】面板中选择"摄像机 1"图层，将【当前时间指示器】拖曳到 0:00:01:00 位置，设置【位置】为"960.0，540.0，-2586.0"；将【当前时间指示器】拖曳到 0:00:03:00 位置，设置【位置】为"960.0，540.0，-1554.0"；将【当前时间指示器】拖曳到 0:00:05:00 位置，设置【位置】为"960.0，540.0，-564.0"；将【当前时间指示器】拖曳到 0:00:07:00 位置，设置【位置】为"1320.0，540.0，-564.0"，如图 5-94 所示。

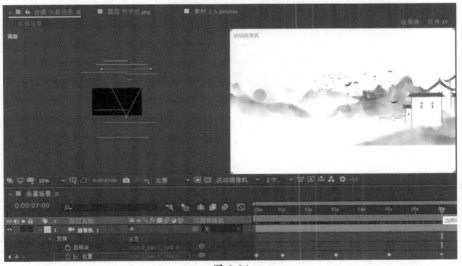

图 5-94

⑧ 在【时间轴】面板中选择"红日"图层，将【当前时间指示器】拖曳到 0:00:01:00 位置，激活【位置】属性的【时间变化秒表】按钮，设置【位置】为"920.9，552.4，1617.3"，将【当前时间指示器】拖曳到 0:00:07:00 位置，设置【位置】为"1319.1，427.4，1619"，如图 5-95 所示。

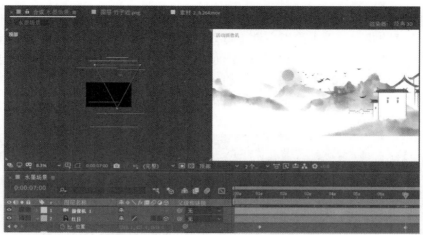

图 5-95

⑨ 在【时间轴】面板中选择"房屋近景"图层，将【当前时间指示器】拖曳到 0:00:00:00 位置，激活【位置】属性的【时间变化秒表】按钮，设置【位置】为"1902.0，540.0，1098.0"，将【当前时间指示器】拖曳到 0:00:02:00 位置，设置"房屋近景"图层的【位置】为"1450.0，540.0，1374.0"，如图 5-96 所示。

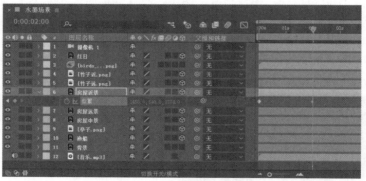

图 5-96

⑩ 在【时间轴】面板中选择"房屋远景"图层，将【当前时间指示器】拖曳到 0:00:04:00 位置，激活【位置】属性的【时间变化秒表】按钮，设置【位置】为"1588.0，540.0，1476.0"，将【当前时间指示器】拖曳到 0:00:06:00 位置，设置"房屋远景"图层的【位置】为"1412.0，540.0，1476.0"，如图 5-97 所示。

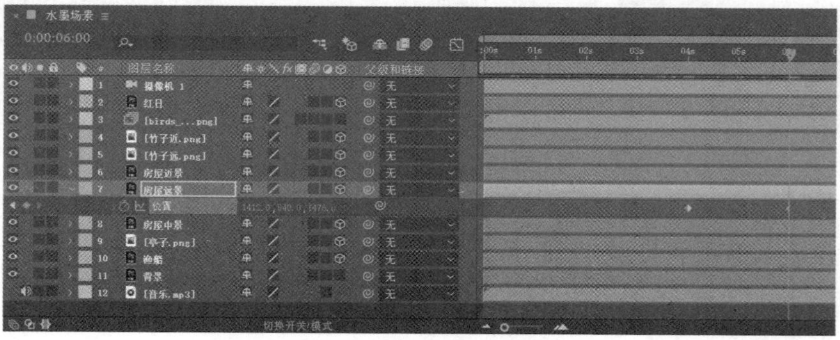

图 5-97

⑪　在【时间轴】面板中选择"房屋中景"图层，将【当前时间指示器】拖曳到 0:00:02:00 位置，激活【位置】属性的【时间变化秒表】按钮，设置【位置】为"464.0，540.0，1170.0"，将【当前时间指示器】拖曳到 0:00:04:00 位置，设置"房屋中景"图层的【位置】为"912.0，540.0，1170.0"，将【当前时间指示器】拖曳到 0:00:09:00 位置，设置"房屋中景"图层的【位置】为"1356.0，540.0，1170.0"，如图 5-98 所示。

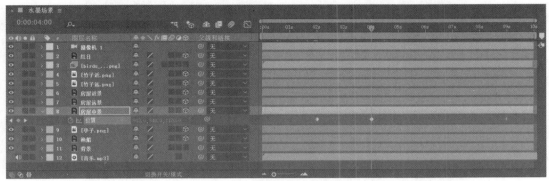

图 5-98

⑫　在【时间轴】面板中选择"亭子"图层，设置【位置】为"752.0，769.0，-321.0"，如图 5-99 所示。

图 5-99

⑬　在【时间轴】面板中选择"渔船"图层，将【当前时间指示器】拖曳到 0:00:02:00 位置，激活【位置】属性的【时间变化秒表】按钮，设置【位置】为"1450.0，540.0，863.0"，将【当前时间指示器】拖曳到 0:00:04:00 位置，设置【位置】为"1450.0，540.0，1002.0"，如图 5-100 所示。

图 5-100

⑭　将"2_h.264.mov"视频文件拖曳到【时间轴】面板中，放置于"房屋近景"图层之上，设置"房屋近景"图层的轨道蒙版为"亮度反转遮罩"，同时选择上述两个图层，将【当前时间指示器】拖曳到 0:00:03:04 位置，将"2_h.264.mov"图层和"房屋近景"图层的【入点】拖曳到 0:00:03:04 位置，如图 5-101 所示。

图 5-101

⑮ 本案例制作完毕，按【空格】键，可以预览最终效果，如图 5-102 所示。

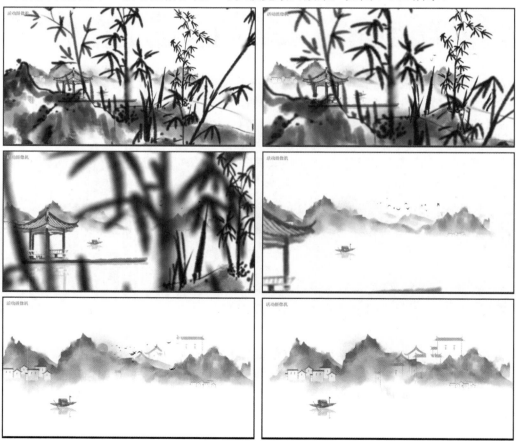

图 5-102

CHAPTER 6

文本动画

本章导读

文本不仅可以作为传达信息的媒介，同时作为画面中的一种元素，越来越受到设计师的重视。在 After Effects 软件中，用户可以通过文本工具创建各种类型的文本动画效果，通过设置文本属性优化文本效果。在本章中，将详细介绍创建文本、编辑文本、文本动画和文本效果等基础知识和操作。

学习要点

- ☑ 创建文本
- ☑ 调整文本
- ☑ 文本面板
- ☑ 设置文本动画
- ☑ 综合实战：文字及蒙版路径动画

6.1 创建文本

文本和图片是构成视频图像的两大要素，根据文本的不同用途，需要对文本进行艺术处理，文本的设计质量直接影响视觉的整体效果，如图 6-1 所示。

6.1.1 创建文本图层

文本图层可以通过以下方式进行创建。

一、使用文字工具创建文本

在【工具栏】中单击【文字工具】按钮，在弹出的菜单中包括【横排文字工具】和【竖排文字工具】两种，如图 6-2 所示。

在【合成】面板中单击，确定文本输入的位置，当出现文字光标后，即可输入文本，如图 6-3 所示。

图 6-1

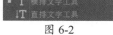

图 6-2

图 6-3

在【时间轴】面板中，会出现新的文本图层。文本图层的名称会随着输入文本的内容而发生改变，如图 6-4 所示。

图 6-4

二、使用文本命令创建文本

执行【图层】>【新建】>【文本】菜单命令，或按快捷键【Ctrl+Shift+Alt+T】创建文本图层，此时，文本光标将出现在【合成】面板的中心位置，在【时间轴】面板中将出现文本图层，用户可以直接输入文本，如图 6-5 所示。

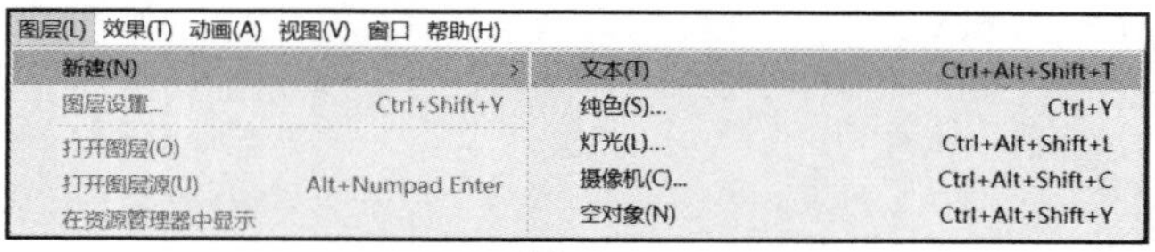

图 6-5

三、双击文字工具创建文本

在工具栏中双击文本工具，在【合成】面板的中心位置将出现文字光标，直接输入文本即可，如图 6-6 所示。

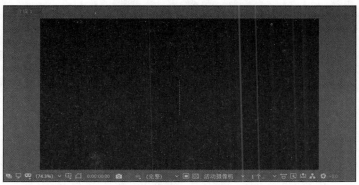

图 6-6

四、在时间轴面板创建文本

在【时间轴】面板的空白区域中单击鼠标右键，在弹出的快捷菜单中选择【新建】>【文本】命令创建文本图层，此时，文字光标将出现在【合成】面板的中心位置，直接输入文本即可，如图 6-7 所示。

图 6-7

6.1.2　创建段落文本

在 After effects 软件中，文本分为点文本和段落文本两种，使用点文本输入的文本长度会随着字符的增加而变长，不会自动换行；段落文本是把文本的显示范围控制在一定的区域内，文本基于边界的位置而自动换行，可以通过调整边界的大小来控制文本的显示位置。

创建段落文本的方法与点文本不同，需要在工具栏中选择【文字工具】，在【合成】面板中按住鼠标左键拖曳来创建矩形选框，在选框内输入文本即可，如图 6-8 所示。

提示和小技巧

按住【Alt】键的同时选择【文本工具】在进行拖曳时，将围绕中心点定义一个定界框。

当需要在点文本和段落文本之间进行转换时，可以在【时间轴】面板中选择文本图层，在【工具栏】中选择【文字工具】，在【合成】面板中单击鼠标右键，在弹出的快捷菜单中选择【转换为点文本】或【转换为段落文本】命令，如图 6-9 所示。

图 6-8　　　　　　　　　　　　　　　　　　图 6-9

6.1.3　导入 Photoshop 文本

也可以使用来自 Photoshop 的文本图层，在 After Effects 软件中保持其样式并且仍然是可编辑的。

6.1.4　精通导入图层并转化为可编辑文本

素材文件： 案例文件\第 06 章\6.1.4\素材\Layer--Convert to Editable Text.psd。
案例文件： 案例文件\第 06 章\6.1.4\精通导入图层并转化为可编辑文本.aep。
视频教学： 视频教学\第 06 章\6.1.4 精通导入图层并转化为可编辑文本.mp4。
精通目的： 掌握 Photoshop 软件中的文字图层在 After Effects 软件中的使用技巧。

操作步骤

① 在 After Effects 软件中，单击【合成】面板中的【从素材新建合成】按钮，如图 6-10 所示。

② 在弹出的【导入文件】对话框中选择"第六章\实例\6.4.1\素材\Layer--Convert to Editable Text.psd"文件，设置【导入为】为"合成-保持图层大小"，勾选【创建合成】复选框，完成后按【导入】按钮，如图 6-11 所示。

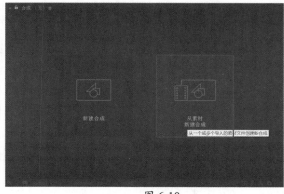
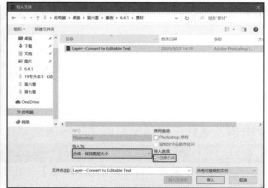

图 6-10　　　　　　　　　　　　　　　　　图 6-11

③ 在弹出的【Layer--Convert to Editable Text.psd】对话框中，在【图层选项】中选择【可编辑的图层样式】单选按钮，完成后单击【确定】按钮，如图 6-12 所示。

④　在【项目】面板中双击合成文件，打卡该合成，此时【时间轴】面板中出现了"Layer--Convert to Editable Text.psd"图层，如图 6-13 所示。

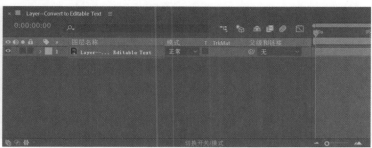

图 6-12 　　　　　　　　　　　　　　　　　　　　　图 6-13

⑤　在【时间轴】面板中选择"Layer--Convert to Editable Text.psd"图层，执行【图层】>【创建】>【转换为可编辑文字】菜单命令，则该图层转换为文本图层，如图 6-14 所示。

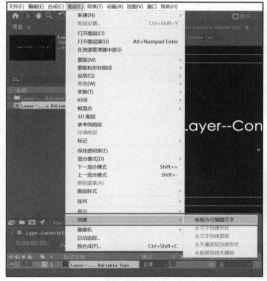

图 6-14

⑥　本案例制作完毕，如图 6-15 所示。

图 6-15

6.2 调整文本

用户可以随时调整文本图层中文本的大小、位置、颜色、内容和文本方向等属性。

6.2.1 调整文本内容

在工具栏中选择【文字工具】，在【合成】面板中单击需要修改的文本，按住鼠标左键拖曳，选择需要修改的文本范围，输入新文本即可完成修改内容的操作。需要注意的是，只有当【文字工具】的指针位于文本图层上方时，才显示为一个编辑文本指针，如图 6-16 所示。

提示和小技巧
用户也可以在【时间轴】面板中双击文本图层，此时文本图层为全部选择状态，可以直接输入文本完成内容的替换，如图 6-17 所示。

图 6-16　　　　　　　　　　　　　　　　　　图 6-17

6.2.2 调整文本位置

文本位置的调整，可以利用【工具栏】中【选取工具】通过拖曳文本图层来实现；也可以在【时间轴】面板中调整文本的【位置】属性，如图 6-18 所示。

图 6-18

6.2.3 精通文本网格定位

素材文件：案例文件\第 06 章\6.2.3\素材\bg demo.png。
案例文件：案例文件\第 06 章\6.2.3\精通文本网格定位.aep。
视频教学：视频教学\第 06 章\6.2.3 精通文本网格定位.mp4。
精通目的：掌握排版常用的网格与吸附功能的使用技巧。

操作步骤

① 在 After Effects 软件中，打开"案例文件\第 06 章\6.2.3\精通文本网格定位.aep"文件，如图 6-19 所示。

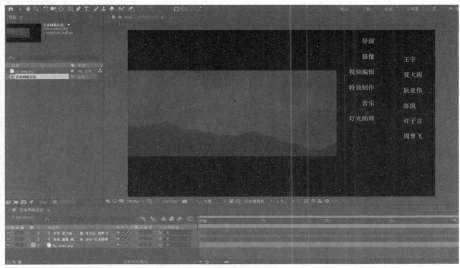

图 6-19

② 执行【视图】>【显示网格】菜单命令，如图 6-20 所示。

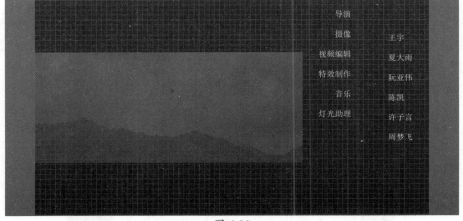

图 6-20

③ 执行【视图】>【对齐到网格】菜单命令，开启吸附功能，如图 6-21 所示。

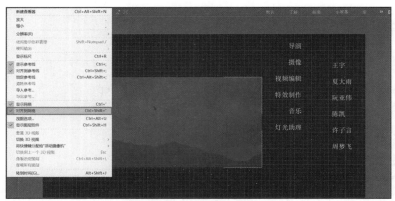

图 6-21

④ 使用【选择工具】，在【合成】面板中选择一组"文本"，按住鼠标左键进行拖曳，选择好适当的位置松开鼠标，另一组"文本"同理，如图 6-22 所示。

⑤ 本案例制作完毕，如图 6-23 所示。

图 6-22

图 6-23

6.2.4 调整文本方向

文本的方向是由输入文本时所选的【文本工具】决定的。当选择【横排文本工具】输入文本时，文本从左到右排列，多行横排文本从上往下排列；当选择【竖排文本工具】输入文本时，文本从上到下排列，多行直排文本从右往左排列。

如果需要调整文本的方向，可以在【时间轴】面板中选择需要修改方向的文本图层，使用【文字工具】，在【合成】面板中单击鼠标右键，在弹出的快捷菜单中选择【水平】或【垂直】命令，如图 6-24 所示。

图 6-24

6.2.5　调整段落文本的定界框

在【时间轴】面板中双击文本图层，激活文本，使其处于可编辑状态，在【合成】面板中将光标移至文本边界，当光标变为双向箭头时，按住鼠标左键进行拖曳。拖曳的同时文本的大小不变，但会改变文本的排版。

提示和小技巧
按住【Shift】键进行拖曳时，可保持边界的比例不变。

6.3　文本设置面板

在 After Effect 软件中有两个关于文本设置的属性面板。可以通过【字符】面板，修改文本的字体、颜色和行间距等其他属性，还可以通过【段落】面板，设置文本的对齐方式和缩进等。

6.3.1　【字符】面板

执行【窗口】>【字符】菜单命令，显示【字符】面板。如果选择了需要编辑的文本图层，在【字符】面板中的设置将仅影响选定的文本。如果没有选择任何文本图层，在【字符】面板中的设置将成为下一个创建的文本图层的默认参数。【字符】面板主要包括以下选项，如图 6-25 所示。

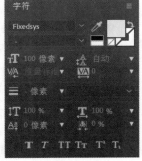

图 6-25

※　属性详解

● 【设置字体系列】：用于设置文本的字体。
● 【设置字体样式】：用于设置字体的样式。
● 【吸管工具】📷：单击吸管工具可以吸取当前界面上的任意颜色用于填充颜色或描边颜色的指定。
● 【填充/描边颜色】🖌：单击色块，在弹出的【文本颜色】对话框中，可以设置文本或描边的颜色。
● 【设置为黑色/白色】▬：单击色块，可以快速地将文本或描边的颜色设置为纯黑色或纯白色。
● 【没有填充色】◩：单击这个图标，将不对文本或描边产生填充效果。
● 【设置字体大小】🕇 40 像素：用于设置字体的大小，数值越大，字体越大。
● 【设置行距】🕮：用于设置上下文本之间的行间距。
● 【字偶间距】🅥🅰：可以使用度量标准字距进行微调或视觉字符间距来自动微调文本的字距。
● 【字符间距】🆅🅰：用于设置字符之间的距离，数值越大，字符间距越大。
● 【描边宽度】▤：用于设置文本的描边宽度，数值越大，描边越宽。

- 【描边方式】 在描边上填充 ∨ ：用于设置文本的描边方式，包括【在描边上填充】、【在填充上描边】、【全部填充在全部描边之上】、【全部描边在全部填充之上】4 个选项。
- 【垂直缩放】：用于设置文本垂直缩放的比例。
- 【水平缩放】：用于设置文本水平缩放的比例。
- 【设置基线偏移】：正值将横排文本移到基线上面、将直排文本移到基线右侧；负值将文本移到基线下面或左侧。
- 【设置比例间距】：用于指定文本的比例间距，比例间距将字符周围的空间缩减指定的百分比值。字符本身不会被拉伸或挤压。
- 【仿粗体】：设置文本为粗体。
- 【仿斜体】：设置文本为斜体。
- 【全部大写字母】：将选中的字母全部转换为大写。
- 【小型大写字母】：将所有的文本都转换为大写，但对于小写的字母使用较小的尺寸进行显示。
- 【上标】：将选中的文本转换为上标。
- 【下标】：将选中的文本转换为下标。

6.3.2 【段落】面板

　　【段落】面板用来设置文本的对齐方式、缩进方式等。【段落】面板主要包括以下选项，如图 6-26 所示。

图 6-26

※ 属性详解

- 【左对齐文本】：将文本左对齐。
- 【居中对齐文本】：将文本居中对齐。
- 【右对齐文本】：将文本右对齐。
- 【最后一行左对齐】：将段落中的最后一行左对齐。
- 【最后一行居中对齐】：将段落中的最后一行居中对齐。
- 【最后一行右对齐】：将段落中的最后一行右对齐。
- 【两端对齐】：将段落中的最后一行两端分散对齐。
- 【缩进左边距】：从段落左侧开始缩进文本。
- 【段前添加空格】：在段落前添加空格，用于设置段落前的间距。
- 【首行缩进】：缩放首行文本。
- 【缩进右边距】：从段落右侧开始缩进文本。
- 【段后添加空格】：在段落后添加空格，用于设置段落后的间距。
- 【从左到右的文本方向】：文本方向从左到右。
- 【从右到左的文本方向】：文本方向从右到左。

提示和小技巧

当文本排版为竖排时，段落面板的参数也会变为竖排文本段落的参数。

6.3.3 精通文字精准对齐

素材文件： 无。
案例文件： 案例文件\第 06 章\6.3.3\精通文字精准对齐.aep。
视频教学： 视频教学\第 06 章\6.3.3 精通文字精准对齐.mp4。
精通目的： 掌握文本排版技巧。

操作步骤

① 在 After Effects 软件中，打开"案例文件\第 06 章\6.3.3\精通文字精准对齐.aep"文件，如图 6-27 所示。

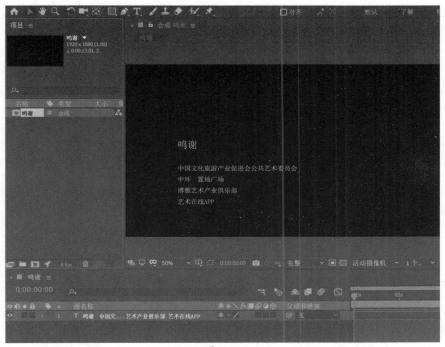

图 6-27

② 在【时间轴】面板中选择文本图层，在【段落】面板中单击【居中对齐文本】按钮，如图 6-28 所示。

图 6-28

③ 打开【对齐】面板，单击【水平对齐】与【垂直对齐】按钮，如图 6-29 所示。

图 6-29

④ 本案例制作完毕，如图 6-30 所示。

图 6-30

6.4 设置文本动画

After Effects 软件中的文本图层与其他图层一样，不仅可以利用图层本身的【变换】属性组制作动画效果，还可以利用特有的文本动画控制器，制作丰富多彩的文本动画效果。

6.4.1 添加文本动画

在【时间轴】面板中，选择文本图层，展开【文本】选项组，通过【源文本】选项，可以制作源文本动画。通过【源文本】选项，可以再次编辑文本内容、字体、大小、颜色等属性，并将这些变换记录下来，形成动画效果。

提示和小技巧

利用【源文本】选项制作动画，可以模拟文本突变效果，如倒计时动画等，但不会产生过渡效果。

6.4.2　文本路径动画

在【时间轴】面板中，选择文本图层，展开【路径选项】选项组，通过【路径选项】选项，可以制作路径动画。

当文本图层中只有文本时，【路径选项】显示为【无】，只有为文本图层添加蒙版后，才可以指定当前蒙版作为文本的路径来使用，如图 6-31 所示。

图 6-31

※ 属性详解

- 【反转路径】：用于设置路径上文本的反转效果。当启用反转路径后，所有文本将反转。
- 【垂直于路径】：用于设置文本是否垂直于路径。
- 【强制对齐】：将第一个字符和路径的起点强制对齐，将最后一个字符和路径的结束点对齐。中间的字符均匀地排列在路径中。
- 【首字边距】：用于设置第一个字符相对于路径起点的位置。
- 【末字边距】：用于设置最后一个字符相对于路径结束点的位置，只有【强制对齐】选项被激活时才有作用。

6.4.3　精通文本环绕路径动画

素材文件：无。
案例文件：案例文件\第 06 章\6.4.3\精通文本环绕路径动画.aep。
视频教学：视频教学\第 06 章\6.4.3 精通文本环绕路径动画.mp4。
精通目的：掌握文本的路径动画效果。

操作步骤

① 在 After Effects 软件中，打开"案例文件\第 06 章\6.4.3\精通文本环绕路径动画.aep"文件，如图 6-32 所示。
② 执行【图层】>【新建】>【文本】菜单命令，在【合成】面板中输入"文本环绕路径动画"，如图 6-33 所示。
③ 在【时间轴】面板中选中文本图层，使用【椭圆工具】，按住【Shift】键在【合成】面板中画一个正圆，如图 6-34 所示。

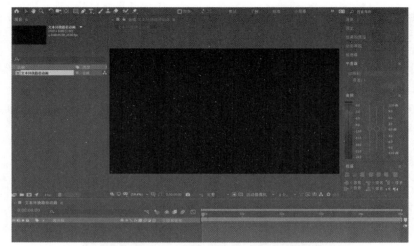

图 6-32

图 6-33

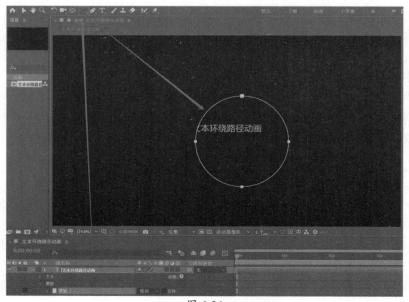

图 6-34

④ 打开文本图层下拉【属性】中的【路径】属性，设置【路径】为"蒙版1"，并设置【反转路径】为"开"，如图 6-35 所示。

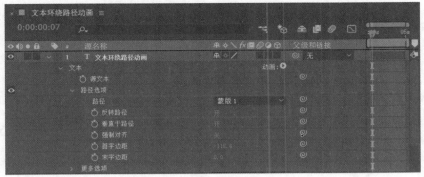

图 6-35

⑤ 将【当前时间指示器】拖曳到"0:00:00:00"位置，激活【首字边距】属性的【时间变化秒表】按钮，将【当前时间指示器】拖曳到"0:00:03:00"位置，设置【首字边距】为"-2414.0"，如图 6-36 所示。

图 6-36

⑥ 选择【首字边距】属性，单击鼠标右键，在弹出的快捷菜单中选择【关键帧辅助】>【缓动】命令，如图 6-37 所示。

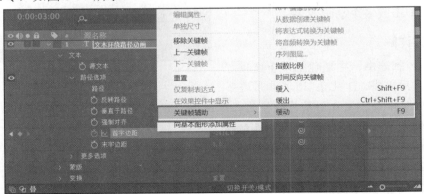

图 6-37

⑦ 本案例制作完毕，按【空格】键，可以预览最终效果，如图 6-38 所示。

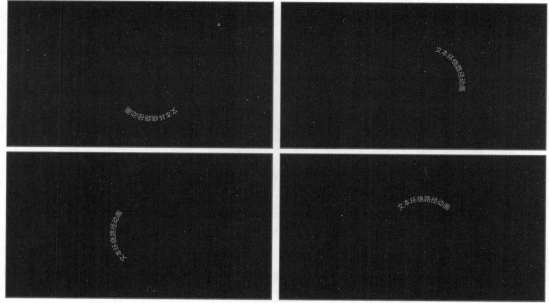

图 6-38

6.4.4 动画文本制作菜单

在 After Effects 软件中，可以通过动画控制器，为文本快速制作出复杂的动画效果。用户可以通过执行【动画】>【动画文本】命令，或是在【时间轴】面板中选择文本图层，单击【动画】 动画:● 按钮，在弹出的菜单中选择属性添加动画效果，如图 6-39 所示。当为文本层添加动画效果后，每个动画效果都会生成一个新的属性组，在属性组中可以包含一个或多个动画效果。

图 6-39

※ **属性详解**

在动画控制器中，主要包括以下选项。

- 【启用逐字 3D 化】：通过启用逐字 3D 化命令，文本图层将转换为三维图层。具体内容在第 05 章中有详细的介绍。
- 【锚点】：用于设置文本的锚点动画。
- 【位置】：用于设置文本的位移动画。
- 【缩放】：用于设置文本的缩放动画。
- 【倾斜】：用于设置文本的倾斜动画，数值越大，倾斜效果越明显。
- 【旋转】：用于设置文本的旋转动画。
- 【不透明度】：用于设置文本的不透明度动画。

- 【全部变换属性】：用于将所有的变换属性全部添加到动画控制器中。
- 【填充颜色】：用于设置文本的填充颜色变化动画，包括【RGB】、【色相】、【饱和度】、【亮度】和【不透明度】5 个选项。
- 【描边颜色】：用于设置描边的颜色变化动画，包括【RGB】、【色相】、【饱和度】、【亮度】和【不透明度】5 个选项。
- 【描边宽度】：用于设置描边的宽度动画。
- 【字符间距】：用于设置字符间距类型和字符间距大小变化动画。
- 【行锚点】：用于设置每行文本中的跟踪对齐方式。
- 【行距】：用于设置多行文本的行距变化动画。
- 【字符位移】：用于设置字符的偏移量动画，按照统一的字符编码标准为选择的字符进行偏移处理。
- 【字符值】：用于设置新的字符，按照字符编码标准将字符统一替换。
- 【模糊】：用于文本的模糊动画效果制作，可分别设置水平和垂直方向上的模糊效果。

图 6-40

一、范围选择器

当为文本图层添加动画效果后，在每个动画效果中都包含一个范围选择器。用户可以分别添加多个动画效果，这样每个动画效果都包含一个独立的范围选择器，也可以在一个范围选择器中添加多个动画效果，如图 6-40 所示。

※ 属性详解

选择器可以指定动画控制器的影响范围，在基础范围选择器中，通过【起始】、【结束】和【偏移】选项，来控制选择器影响的范围。

- 【起始】：用于设置选择器的有效起始位置。
- 【结束】：用于设置选择器的有效结束位置。
- 【偏移】：用于设置选择器的整体偏移量。
- 【单位】：用于设置选择器的单位，分为【百分比】和【索引】2 种类型。
- 【依据】：用于设置选择器的依据模式，分为【字符】、【不包含空格的字符】、【词】和【行】4 种模式。
- 【模式】：用于设置多个选择器的混合模式，包括【相加】、【相减】、【相交】、【最小值】、【最大值】和【差值】6 种模式。
- 【数量】：用于设置动画效果控制文本的程度，默认为 100%，0% 表示动画效果不产生任何作用。

- 【形状】：用于设置选择器有效范围内文本排列的方式，包括【正方形】、【上斜坡】、【下斜坡】、【三角形】、【圆形】和【平滑】6 种方式。

- 【平滑度】：用于设置产生平滑过渡的效果，只有【形状】类型设置为【矩形】时，该选项才存在。

- 【缓和高】：用于设置从完全选择状态进入部分选择状态的更改速度。如果缓和高为 100%，则在完全选择文本到部分选择文本时，字符将更缓慢地更改。如果缓和高为-100%，则在完全选择文本到部分选择文本时，文本将快速更改。

- 【缓和低】：如果缓和低为 100%，则在部分选择文本或未选择文本时，文本将快速更改。如果缓和低为-100%，则在部分选择文本或未选择文本时，文本将缓慢更改。

- 【随机排序】：用于设置有效范围添加在其他区域的随机性。

提示和小技巧

（1）在【时间轴】面板中选择动画组，单击【添加】 添加:◎ 按钮，选择【选择器】子菜单中的【范围】、【摆动】或【表达式】选项。

（2）在【合成】面板中选择文本图层，单击鼠标右键，在弹出的快捷菜单中选择【添加文字选择器】选项，在子菜单中选择【范围】、【摆动】或【表达式】选项，如图 6-41 所示。

（3）要删除选择器，可以直接在【时间轴】面板中选中并按【Delete】键进行删除。

（4）要对选择器重新进行排序，可以直接选中选择器并拖曳到合适的位置。

二、摆动选择器

摆动选择器可以让选择器产生摇摆动画效果，包括以下属性，如图 6-42 所示。

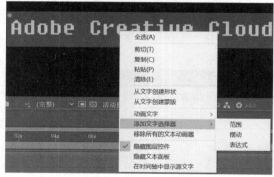

图 6-41

图 6-42

※ 属性详解

- 【模式】：用于设置多个选择器的混合模式，包括【相加】、【相减】、【相交】、【最小值】、【最大值】和【差值】6 种模式。

- 【最大量】：用于指定选择项的最大变化量。

- 【最小量】：用于指定选择项的最小变化量。

- 【依据】：用于设置摇摆选择器的依据模式，分为【字符】、【不包含空格的字符】、【词】和【行】4 种模式。

- 【摇摆/秒】：用于设置每秒产生的波动的数量。

- 【关联】：用于设置每个文本的变化之间的关联。当数值为 100%时，所有文本同时按同样的幅度进行摆动，当数值为 0%时，所有文本独立摆动，互不影响。

- ● 【时间相位】：用于设置摆动的变化基于时间的相位大小
- ● 【空间相位】：用于设置摆动的变化基于空间的相位大小
- ● 【锁定维度】：用于将摆动维度的缩放比例保持一致。
- ● 【随机植入】：用于设置摆动的随机变化。

三、表达式选择器

表达式选择器可以分别控制每一个文本的属性，主要包括以下参数，如图 6-43 所示。

图 6-43

※ 属性详解

- ● 【依据】：用于设置表达式选择器的依据模式，分为【字符】、【不包含空格的字符】、【词】和【行】4 种模式。
- ● 【数量】：用于设置表达式选择器的影响程度。默认情况下，数量属性以表达式 selectorValue、textIndex 和 textTotal 表示。
  - ➢ 【selectorValue】：返回前一个选择器的值。
  - ➢ 【textIndex】：返回字符、词或行的索引。
  - ➢ 【textTota】：返回字符、词或行的总数。

6.4.5　使用动画控制器制作打字效果的文字动画

素材文件：无。
案例文件：案例文件\第 06 章\6.4.5\精通动画控制器打字效果文字动画.aep。
视频教学：视频教学\第 06 章\6.4.5 精通动画控制器打字效果文字动画.mp4。
精通目的：掌握文字逐字出现的动画效果。

操作步骤

① 在 After Effects 软件中，打开 "案例文件\第 06 章\6.4.5\精通动画控制器打字效果文字动画.aep" 文件，如图 6-44 所示。

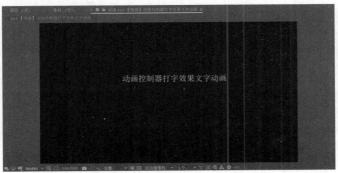

图 6-44

② 在【时间轴】面板中选择"动画控制器打字效果文字动画"文本图层，单击【文本】属性右侧的【动画】按钮，在弹出的菜单中选择【不透明度】命令，如图 6-45 所示。

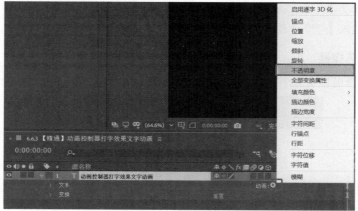

图 6-45

③ 打开新增加的【动画制作工具 1】属性中的【范围选择器 1】属性，将【不透明度】设置为"1%"，如图 6-46 所示。

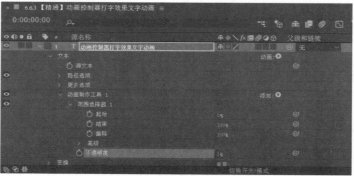

图 6-46

④ 将【当前时间指示器】拖曳到"0:00:00:00"处，激活【偏移】属性的【时间变化秒表】按钮，设置【偏移】为"0%"，如图 6-47 所示。

图 6-47

⑤ 将【当前时间指示器】拖曳到"0:00:03:00"处，设置【偏移】为"100%"，如图 6-48 所示。

图 6-48

⑥　本案例制作完毕，按【空格】键，可以预览最终效果，如图 6-49 所示。

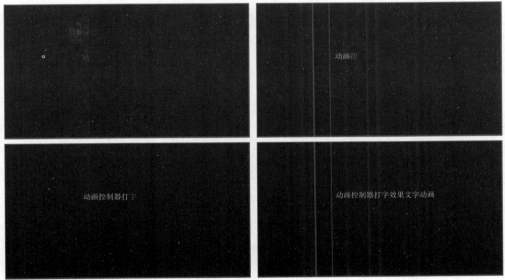

图 6-49

6.4.6　精通脚本，快速制作运动文字排版动画

素材文件：案例文件\第 06 章\6.4.6\素材\文本示例.txt、TypeMonkey v1-2.18 脚本安装文件。

案例文件：案例文件\第 06 章\6.4.6\精通脚本快速制作运动文字排版动画.aep。

视频教学：视频教学\第 06 章\6.4.6 精通脚本快速制作运动文字排版动画.mp4。

精通目的：掌握动态文字效果的高效制作。

操作步骤

①　安装 TypeMonkey v1-2.18 脚本。打开"案例文件\第 06 章\6.4.6\素材\TypeMonkey v1-2.18 脚本安装文件"，并将"TypeMonkey.jsxbin"、"(TypeMonkey_TextMods)"和"Freebie"文件夹复制到"Adobe After Effects 2020\Support Files\Scripts\ScriptUI Panels"软件脚本目录中，如图 6-50 所示。

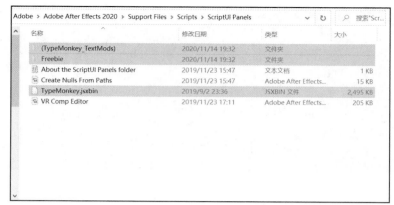

图 6-50

② 在 After Effects 软件中，执行【编辑】>【首选项】>【脚本和表达式】菜单命令，在弹出的【首选项】对话框中勾选【允许脚本写入文件和访问网络】复选框，如图 6-51 所示。

③ 执行【窗口】>【TypeMonkey】菜单命令，即可打开【TypeMonkey】面板，如图 6-52 所示。

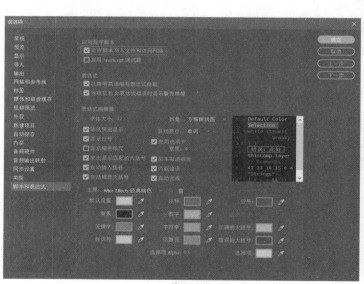

图 6-51

图 6-52

④ 在 After Effects 软件中，打开项目"案例文件\第 06 章\6.4.6\精通脚本快速制作运动文字排版动画.aep"文件，如图 6-53 所示。

⑤ 在【合成】面板中，打开"背景音乐"图层属性中的【波形】属性，按【空格】键进行播放，随着音乐的旋律对其进行【标记】，也可以通过小键盘中的【*】键添加【标记】，添加过的【标记】可以通过拖曳进行调整，如图 6-54 所示。

⑥ 执行【窗口】>【TypeMonkey】菜单命令，打开【TypeMonkey】窗口，将"案例文件\第 06 章\6.4.6\素材\文本示例.txt"中的文字信息复制到白色区域，在【LAYOUT】选项组中勾选【All Caps】复选框，设置【Font Size】为"Random"，【Minimum】为"32"，

【Maximum】为 "220"，【Spacing】为 "10"，【Rotation Probability %】为 "25"，勾选【颜色】下方的复选框；在【TYPE ANIMATION】选项组中设置【Style】为 "Randomize"，【Speed】为 "Fast"，勾选【Motion Blur】复选框；在【MARKERS】选项组中勾选【Marker Sync】复选框；设置完成后单击【DO IT！】按钮，如图 6-55 所示。

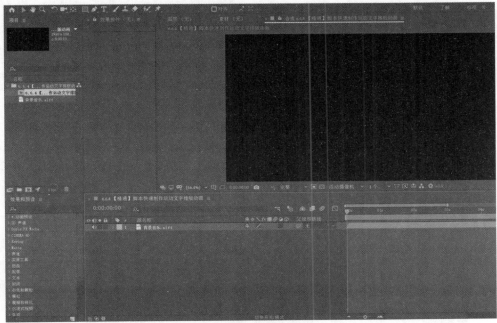

图 6-53

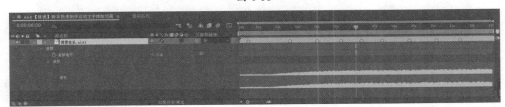

图 6-54

图 6-55

⑦ 此时在【时间轴】面板中自动生成了"TM Master Control"图层与"MonkeyCam"摄像机图层，"TM Master Control"图层会在之前做好【标记】的位置生成对应的文本信息，"MonkeyCam"摄像机图层会在对应的【标记】位置进行自动调整，如图 6-56 所示。

图 6-56

⑧ 本案例制作完毕，按【空格】键，可以预览最终效果，如图 6-57 所示。

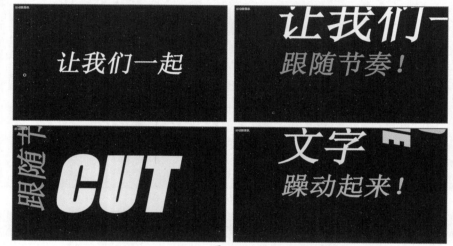

图 6-57

6.4.7　文本动画预设效果

在 After Effects 软件中，系统预设了多种文本动画效果，用户可以通过直接添加动画预设快速创建文本动画。在【效果和预设】面板中，展开【动画预置】选项，在【Text】子选项中，提供了大量的动画预设效果，如图 6-58 所示。为文本添加动画预置效果，将动画预设直接拖曳到指定的文本图层即可。

图 6-58

6.4.8　精通文本描边动画

素材文件：无。

案例文件：案例文件\第 06 章\6.4.8\精通文本描边动画.aep。

视频教学：视频教学\第 06 章\6.4.8 精通文本描边动画.mp4。

精通目的：掌握文本描边动画的制作方法。

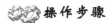 操作步骤

① 在 After Effects 软件中，打开"案例文件\第 06 章\6.4.8\精通文本描边动画.aep"文件，如图 6-59 所示。

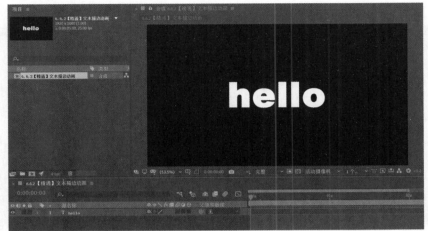

图 6-59

② 在【时间轴】面板中选择文本图层，单击鼠标右键，在弹出的快捷菜单中选择【创建】>【从文字创建蒙版】命令，生成"hello 轮廓"图层，同时"hello"图层会自动隐藏，如图 6-60 所示。

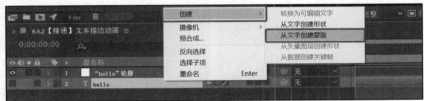

图 6-60

③ 在【时间轴】面板中选择"hello 轮廓"图层，单击鼠标右键，在弹出的快捷菜单中选择【效果】>【生成】>【描边】命令，如图 6-61 所示。

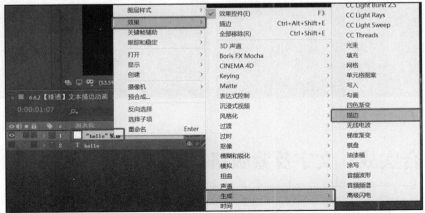

图 6-61

④ 在【效果控件】面板中设置【描边】属性，勾选【路径】属性中的【所有蒙版】复选框；设置【画笔大小】为"8.0"；将【当前时间指示器】拖曳到"0:00:00:00"处，激活【颜色】属性与【起始】属性的【时间变化秒表】按钮，设置【起始】为"100.0%"；将【当前时间指示器】拖曳到"0:00:02:00"位置，设置【颜色】为"R:82，G：124，B：244"，【起始】为 0.0%，如图 6-62 所示。

图 6-62

⑤ 本案例制作完毕，按【空格】键，可以预览最终效果，如图 6-63 所示。

图 6-63

6.5 综合实战：文字及蒙版路径动画

素材文件： 案例文件\第 06 章\6.5\素材\720.psd、bgm.aiff。

案例文件：案例文件\第 06 章\6.5\综合实战：文字及蒙版路径动画.aep。

视频教学：视频教学\第 06 章\6.5 综合实战：文字及蒙版路径动画.mp4。

技术要点：掌握路径蒙版的拓展应用技巧，针对文字制作动画背景并应用到动画中。

操作步骤

① 在 After Effects 软件中，打开项目"案例文件\第 06 章\6.5\综合实战：文字及蒙版路径动画.aep"案例文件，如图 6-64 所示。

图 6-64

② 在【项目】面板中双击打开"背景曲线文字"合成，将【时间轴】面板中的所有文字图层全部选中，在【字符】面板中设置【字体】为"黑体"，【字体大小】为"35 像素"，如图 6-65 所示。

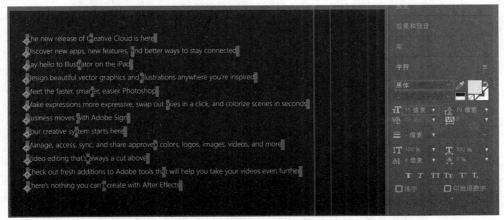

图 6-65

③ 将【时间轴】面板中的所有文字图层全部选中，按【T】键，打开图层的【不透明度】属性，并设置【不透明度】为"50%"，如图 6-66 所示。

④ 执行【编辑】>【首选项】>【网格和参考线】菜单命令，在弹出的【首选项】对话框中设置【网格】选项组中的【颜色】为"白色"，【样式】为"点"，【网格线间隔】为"100像素"，【次分隔线】为"1"，如图 6-67 所示。

图 6-66

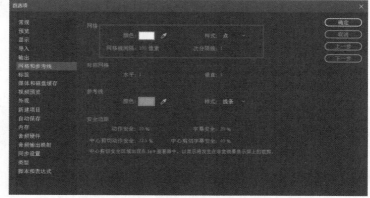

图 6-67

⑤ 执行【视图】>【显示网格】菜单命令，如图 6-68 所示。

图 6-68

⑥ 在【时间轴】面板中选择"The new..."图层，并隐藏其余图层，使用【钢笔工具】在【合成】面板中根据【网格】的位置绘制曲线，如图 6-69 所示。

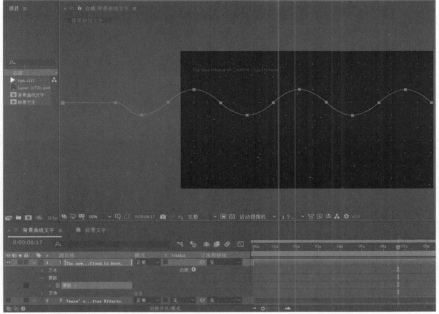

图 6-69

⑦ 使用【选取工具】将【蒙版 1】曲线的位置进行调整，在【时间轴】面板中打开"The new..."图层下拉【属性】中的【文本】>【路径选项】>【路径】属性，设置【路径】为"蒙版1"，如图 6-70 所示。

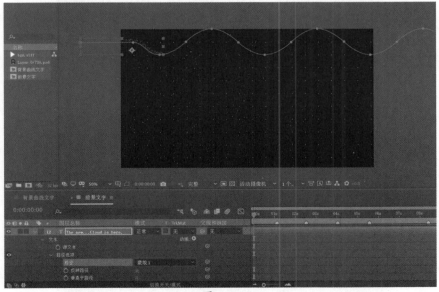

图 6-70

⑧ 将【当前时间指示器】拖曳到"00:00:00:00"处，打开"The new..."图层下拉【属性】中的【文本】>【路径选项】属性，激活【首字边距】属性的【时间变化秒表】按钮，

设置【首字边距】为 "-650.0"，使文字内容从画面外进入，如图 6-71 所示。

图 6-71

⑨ 将【当前时间指示器】拖曳到 "00:00:08:00" 处，设置【首字边距】为 "2500.0"，使文字内容在画面外，如图 6-72 所示。

图 6-72

⑩ 在【时间轴】面板中显示所有图层，选择 "The new..." 图层下拉【属性】中的【蒙版】属性，按快捷键【Ctrl+C】进行复制，选择除 "Say hel..." 和 "Video e..." 图层外的所有文本图层，按快捷键【Ctrl+V】进行粘贴，如图 6-73 所示。

图 6-73

⑪ 在已设置【蒙版】属性的这些文字图层中，重复步骤 ⑦ 至步骤 ⑨。

⑫ 在【时间轴】面板中选择"Say hel..."图层，使用钢笔工具在【合成】面板中根据【网格】的位置绘制曲线，如图 6-74 所示。

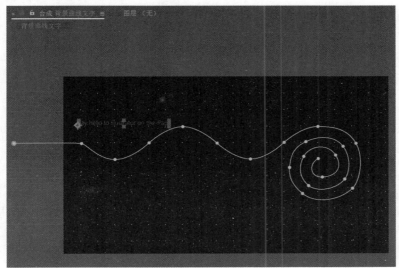

图 6-74

⑬ 在【时间轴】面板中打开"Say hel..."图层下拉【属性】中的【文本】>【路径选项】>【路径】属性，设置【路径】为"蒙版 1"，如图 6-75 所示。

图 6-75

⑭ 将【当前时间指示器】拖曳到"00:00:00:00"处，打开"Say hel..."图层下拉【属性】中的【文本】>【路径选项】属性，激活【首字边距】属性的【时间变化秒表】按钮，设置【首字边距】为"-270.0"，使文字内容从画面外进入，如图 6-76 所示。

图 6-76

⑮ 将【当前时间指示器】拖曳到"00:00:08:00"处，设置【首字边距】为"4200.0"，使文字在螺旋曲线最后停止，如图 6-77 所示。

图 6-77

⑯ 将【当前时间指示器】拖曳到"00:00:07:00"处，打开"Say hel..."图层下拉【属性】中的【变换】>【不透明度】属性，激活【不透明度】属性的【时间变化秒表】按钮，设置【不透明度】为"50%"，如图 6-78 所示。

图 6-78

⑰ 将【当前时间指示器】拖曳到"00:00:08:00"处，设置【不透明度】为"0%"，如图 6-79 所示。

图 6-79

⑱ 在【时间轴】面板中显示所有图层，选择"Say hel..."图层下拉【属性】中的【蒙版】属性，按快捷键【Ctrl+C】进行复制，选择"Video e..."图层，按快捷键【Ctrl+V】进行粘贴，如图 6-80 所示。

⑲ 选择"Video e..."图层，重复步骤⑬至步骤⑰。

⑳ 设置这些文字图层的【入点】，使文字分不同节奏进入合成，如图 6-81 所示。

㉑ 在【项目】面板中双击，打开"前景文字"合成，并将"Laryer 0/720.psd"文件与"背景曲线文字"合成拖曳到【时间轴】面板中，如图 6-82 所示。

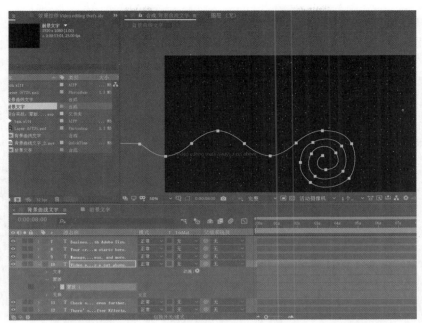

图 6-80

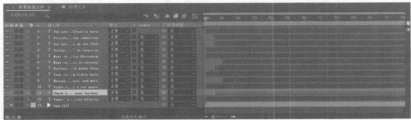

图 6-81

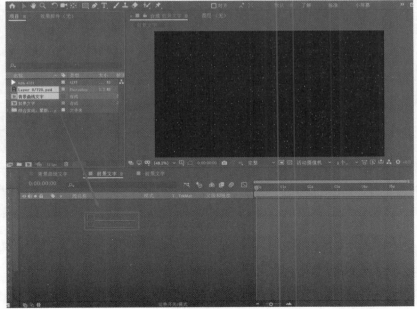

图 6-82

㉒ 在【时间轴】面板中，单击鼠标右键，在弹出的快捷菜单中选择【新建】>【文本】命令，分别输入文字 "Adobe Premiere" "Adobe Photoshop" "Adobe Illustrator" "Adobe After Effects"，如图 6-83 所示。

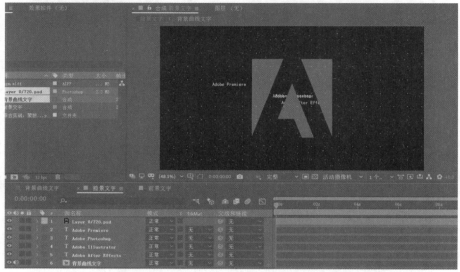

图 6-83

㉓ 依次选中这四个文本图层，在【对齐】面板中，单击【水平对齐】和【垂直对齐】按钮，如图 6-84 所示。

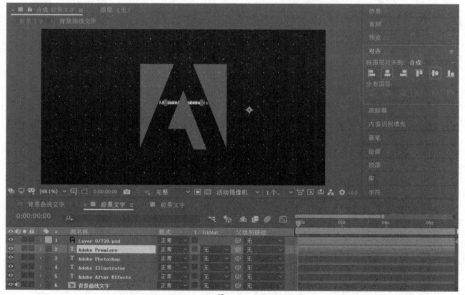

图 6-84

㉔ 在【时间轴】面板中打开"背景文字"图层，拖曳【当前时间指示器】到【波形】的峰值点，按【*】键添加【标记】，如图 6-85 所示。

㉕ 分别将这四个文本图层的【入点】拖曳到前四个标记点的位置，如图 6-86 所示。

图 6-85

图 6-86

㉖ 选择一个文本图层,打开【变换】属性,将【当前时间指示器】拖曳到图层的入点位置,激活【缩放】属性的【时间变化秒表】按钮,设置【缩放】为"2000.0,2000.0%",如图 6-87 所示。

图 6-87

㉗ 将【当前时间指示器】拖曳到下一个图层的【入点】位置,设置【缩放】为"100.0,100.0%",如图 6-88 所示。

图 6-88

㉘ 将【当前时间指示器】拖曳到两个【标记】点的三分之一位置时,设置【缩放】为"200.0,200.0%",选择该【关键帧】,单击鼠标右键,在弹出的快捷菜单中选择【关键帧辅助】>【缓动】命令;激活【不透明度】属性的【时间变化秒表】按钮,设置【不透明度】为"100%",如图 6-89 所示。

图 6-89

㉙ 将【当前时间指示器】拖曳到下一个图层的【入点】位置，设置【不透明度】为 "0%"，如图 6-90 所示。

图 6-90

㉚ 在其余三的个文字图层中依次重复步骤㉖至步骤㉙。

㉛ 在【时间轴】面板中选择 "Laryer 0/720.psd" 图层，将其【入点】拖曳到第五个【标记】位置，将【当前时间指示器】拖曳到【入点】位置，激活【位置】属性的【时间变化秒表】按钮，设置【位置】为 "960.0，540.0"，如图 6-91 所示。

图 6-91

㉜ 将【当前时间指示器】拖曳到最后一个【标记】位置，设置【缩放】为 "100.0，100.0%"；激活【位置】属性的【时间变化秒表】按钮，设置【位置】为 "960.0，540.0"，如图 6-92 所示。

图 6-92

③ 将【当前时间指示器】拖曳到"00:00:11:00"处，设置【缩放】为"15.0，15.0%"，【位置】为"2000.0，540.0"，如图 6-93 所示。

图 6-93

③ 本案例制作完毕，按【空格】键，可以预览最终效果，如图 6-94 所示。

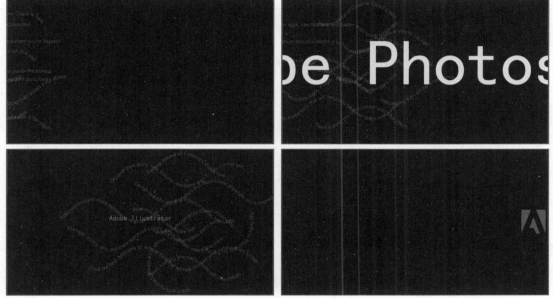

图 6-94

CHAPTER 7

蒙版和遮罩

本章导读

在 After Effects 软件中，经常会处理多个图像在同一合成中同时显示的情况。由于素材的来源较广，不是所有的素材都带有 Alpha 通道信息，在处理图像遮挡关系的时候，蒙版在动画合成中得到了广泛的应用。使用蒙版可以使图像中的局部进行显示或隐藏，还可以利用蒙版工具创建动画效果。使用轨道遮罩可以将一个图层的 Alpha 信息或亮度信息作为另一个图层的透明度信息，在处理图像的遮挡显示中，也经常被用到。本章主要讲解蒙版和遮罩的功能及具体应用。

学习要点

- ☑ 认识和编辑蒙版
- ☑ 轨道遮罩
- ☑ 综合实战：蒙版路径动画实例

7.1　认识和编辑蒙版

After Effects 软件中的蒙版，用于控制图层的显示范围。蒙版是一个封闭的路径，在默认情况下，路径内的图像为不透明，路径以外的区域为透明。如果路径不是闭合状态，则蒙版不起作用，如图 7-1 所示。

图 7-1

7.1.1　图形蒙版

在用形状工具创建图层蒙版时，需要在【时间轴】面板中选择创建蒙版的图层，在【工具栏】中选择任意形状工具进行拖曳即可，如图 7-2 所示。

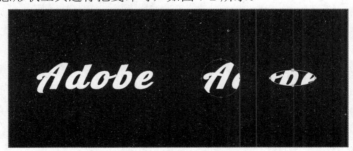

图 7-2

7.1.2　钢笔蒙版

　　使用【钢笔工具】可以创建出任意形状的蒙版，但【钢笔工具】所绘制的路径必须为闭合状态。在用【钢笔工具】创建图层蒙版时，需要在【时间轴】面板中选择创建蒙版的图层，绘制出一个闭合的路径即可，如图 7-3 所示。

图 7-3

7.1.3　精通快速生成蒙版

　　素材文件：案例文件\第 07 章\7.1.3\素材\demo pic.png。
　　案例文件：案例文件\第 07 章\7.1.3\精通快速生成蒙版.aep。
　　视频教学：视频教学\第 07 章\7.1.3 精通快速生成蒙版.mp4。
　　精通目的：掌握快速生成蒙版的技巧。

操作步骤

① 在 After Effects 软件中，打开"案例文件\第 07 章\7.1.3\精通快速生成蒙版.aep"文件，如图 7-4 所示。

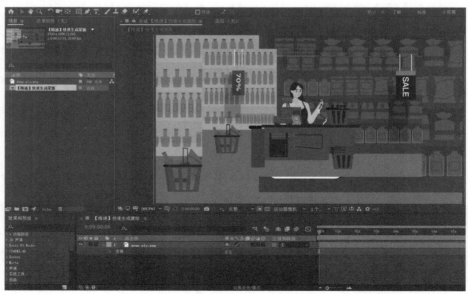

图 7-4

② 方法一：使用【形状工具】制作规则形状蒙版。在【时间轴】面板中选择"demo pic"

图层，在【工具栏】中单击【形状工具】，在下拉菜单中选择【星形工具】，即可在【合成】面板进行蒙版的绘制，如图 7-5 所示。

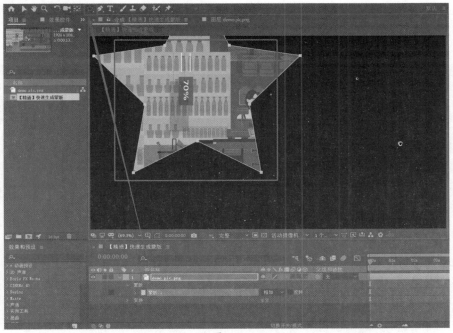

图 7-5

③　方法二：使用【钢笔工具】制作不规则形状蒙版。在【时间轴】面板中选择"demo pic"图层，在【工具栏】中选择【钢笔工具】，即可在【合成】面板进行蒙版的绘制，如图 7-6 所示。

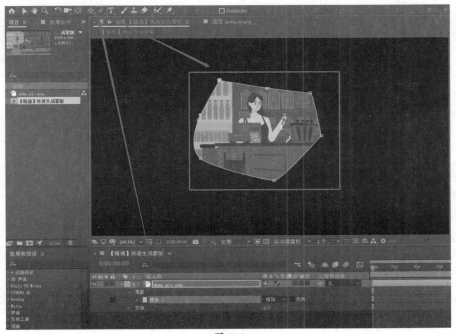

图 7-6

④ 方法三：直接利用【新建蒙版】命令制作蒙版。在【时间轴】面板中选择"demo pic"
图层，执行【图层】>【蒙版】>【新建蒙版】菜单命令，此时在"demo pic"图层下拉
属性中生成【蒙版 1】属性，可在【蒙版 1】的下拉属性中对【蒙版路径】、【蒙版羽化】、
【蒙版不透明度】和【蒙版扩展】等属性进行设置，默认【蒙版形状】为矩形，如图 7-7
所示。

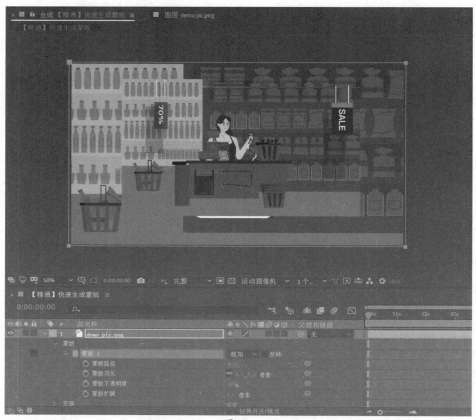

图 7-7

⑤ 本案例制作完毕。

7.1.4 精通移动蒙版的技巧

素材文件：案例文件\第 07 章\7.1.4\素材\demo pic.png。
案例文件：案例文件\第 07 章\7.1.4\精通移动蒙版的技巧.aep。
视频教学：视频教学\第 07 章\7.1.4 精通移动蒙版的技巧.mp4。
精通目的：掌握移动蒙版的技巧。

操作步骤

① 打开 After Effects 软件，在【项目】面板中导入"demo pic.png"图片素材，并在弹出的
【导入文件】对话框中勾选【创建合成】复选框，如图 7-8 所示。

图 7-8

② 在【时间轴】面板中选择"demo pic"图层，在工具栏中选择【椭圆工具】，按住【Shift】
键的同时在【合成】面板中绘制一个正圆形蒙版，如图 7-9 所示。

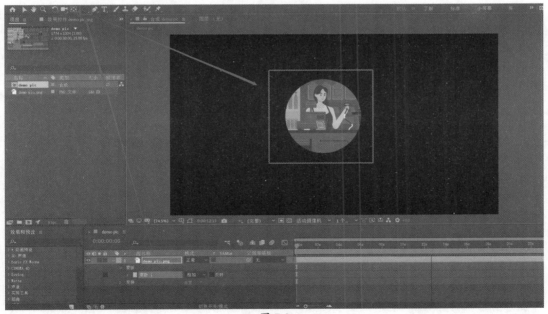

图 7-9

③ 方法一：该方法可移动蒙版位置，内容会随之改变。在【时间轴】面板中选择"demo pic"
图层下拉属性中的【蒙版 1】属性，在【工具栏】中选择【选取工具】，随后在【合成】
面板中选中蒙版范围的"实心方形"控制点，即可对蒙版进行移动，如图 7-10 所示。

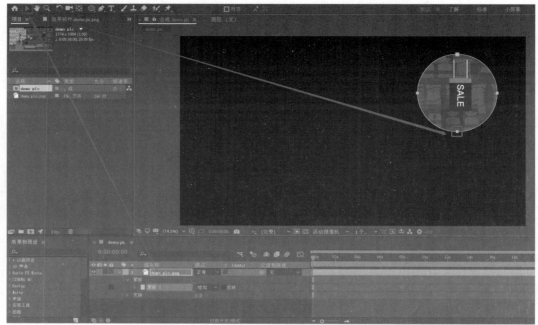

图 7-10

④ 方法二：该方法可移动蒙版中的内容，在【时间轴】面板中选择"demo pic"图层，在【工具栏】中选择【选取工具】，随后在【合成】面板中选中蒙版内的内容，即可对蒙版进行移动，如图 7-11 所示。

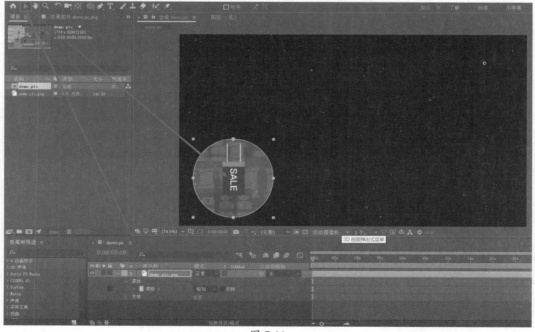

图 7-11

⑤ 本案例制作完毕。

7.1.5　自动追踪蒙版

使用【自动追踪】命令，可以根据图层的 Alpha、红色、蓝色、绿色和明度信息生成一个或多个蒙版，如图 7-12 所示。

在【时间轴】面板中选择需要添加蒙版的图层，执行【图层】>【自动追踪】菜单命令，在弹出的【自动追踪】对话框中设置自动追踪参数。该命令将根据图层的信息自动生成蒙版，如图 7-13 所示。

图 7-12　　　　　　　　　　　　　　　　　　　图 7-13

※ 属性详解

● 【当前帧】：只对当前帧进行自动追踪创建蒙版。

● 【工作区】：对整个工作区进行自动追踪，适用于带动画效果的图层。

● 【通道】：用于设置追踪的通道类型，包括【Alpha】、【红色】、【绿色】、【蓝色】和【明度】。当勾选【反转】复选框时，将反转蒙版。

● 【模糊】：勾选该复选框，将模糊自动追踪前的像素，对原始图像做虚化处理。可以使自动追踪的结果更加平滑，取消勾选该复选框，在高对比的图像中得到的追踪结果更为准确。

● 【容差】：用于设置判断误差和界限的范围。

● 【最小区域】：设置蒙版的最小区域值，如果小于此值将被自动删除。

● 【阈值】：以百分比来确定透明区域和不透明区域，高于该阈值的区域为不透明区域，低于该阈值的区域为透明区域。

● 【圆角值】：用于设置蒙版转折处的圆滑程度，数值越高，转折处越为平滑。

● 【应用到新图层】：勾选该复选框，将把自动追踪创建的蒙版保存到一个新力道层中。

● 【预览】：勾选该复选框，可以预览自动追踪的结果。

7.1.6　精通自动追踪快速遮罩

素材文件：案例文件\第 07 章\7.1.6\素材\demo.mp4。

案例文件：案例文件\第 07 章\7.1.6\精通自动追踪快速遮罩.aep。

视频教学：视频教学\第 07 章\7.1.6 精通自动追踪快速遮罩.mp4。

精通目的：掌握自动追踪快速遮罩的制作方法与使用技巧。

操作步骤

① 在 After Effects 软件中，打开项目"案例文件\第 07 章\7.1.6\精通自动追踪快速遮罩.aep"文件，如图 7-14 所示。

图 7-14

② 在【时间轴】面板中选择"demo"视频图层，按快捷键【Ctrl+C】进行复制，再按快捷键【Ctrl+V】进行粘贴，如图 7-15 所示。

图 7-15

③ 选择上层的"demo"视频图层，使用【钢笔工具】在【合成】面板中对画面中的"男性头像"进行绘制，如图 7-16 所示。

④ 选择"demo"视频图层下拉属性菜单中的【蒙版 1】属性，单击鼠标右键，在弹出的快捷菜单中选择【跟踪蒙版】命令，如图 7-17 所示。

⑤ 在【时间轴】面板中将【当前时间指示器】拖曳到"0:00:00:00"处，选择"demo"视频图层下拉属性菜单中的【蒙版 1】属性，在【跟踪器】面板中单击【向前跟踪所选蒙版】按钮，即可自动生成【跟踪蒙版】，如图 7-18 所示。

图 7-16

图 7-17

图 7-18

⑥ 选择上层的"demo"视频图层，执行【效果】>【风格化】>【马赛克】菜单命令，设置【马赛克】属性中的【水平块】为"100"，【垂直块】为"100"，如图 7-19 所示。

图 7-19

⑦ 本案例制作完毕，按【空格】键，可以预览最终效果，如图 7-20 所示。

图 7-20

7.1.7　蒙版属性

创建完蒙版之后，在【时间轴】面板中选择被添加蒙版的图层，展开图层属性组，将会显示【蒙版】选项组，可以通过设置其属性，来调整蒙版的效果，如图 7-21 所示。

一、蒙版路径

用于设置蒙版的路径范围和形状。单击【蒙版路径】右侧的【形状】蓝色高亮文字，将弹出【蒙版形状】对话框，如图 7-22 所示。

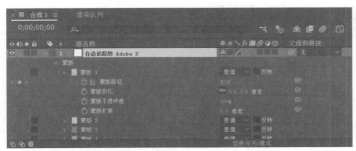

图 7-21　　　　　　　　　　　　　　　　　　　图 7-22

在【定界框】选项组中，可以设置蒙版的尺寸；在【形状】选项组中，勾选【重置为】复选框，可以将选定的蒙版的形状替换为椭圆或矩形。

二、蒙版羽化

用于设置蒙版边缘的羽化效果，使蒙版边缘虚化，如图 7-23 所示。羽化值越大，虚化范围越宽，羽化值越小，虚化范围越小。

在默认情况下，羽化值为 0，蒙版边缘不产生任何过渡效果，用户可以单击【蒙版羽化】右侧，输入具体数值。此外，还可以通过选择【工具栏】中的【蒙版羽化工具】在蒙版路径上单击并拖曳，手动创建蒙版羽化效果，如图 7-24 所示。

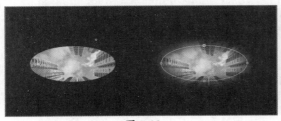

图 7-23　　　　　　　　　　　　　　　　　　　图 7-24

三、蒙版不透明度

用于设置蒙版的不透明程度。在默认情况下，为图层添加蒙版后，蒙版中的图像为 100% 显示，蒙版外的图像完全不显示。可以单击【蒙版不透明度】右侧输入具体数值，数值越小，蒙版内的图像显示越不明显，当数值为 0 时，蒙版内的图像完全透明，如图 7-25 所示。

四、蒙版扩展

调整蒙版的扩展程度。正值为扩展蒙版的区域，数值越大，扩展区域越多；负值为收缩蒙版的区域，数值越大，收缩的区域越多，如图 7-26 所示。

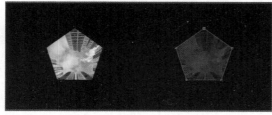

图 7-25

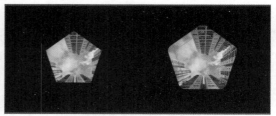

图 7-26

7.1.8 精通图片自动追踪蒙版路径的应用

素材文件： 案例文件\第 07 章\7.1.8\素材\rocket.png。
案例文件： 案例文件\第 07 章\7.1.8\精通图片自动追踪蒙版路径.aep。
视频教学： 视频教学\第 07 章\7.1.8 精通图片自动追踪蒙版路径.mp4。
精通目的： 掌握自动追踪蒙版路径的使用技巧。

操作步骤

① 在 After Effects 软件中，打开项目"案例文件\第 07 章\7.1.8\精通图片自动追踪蒙版路径.aep"文件，如图 7-27 所示。

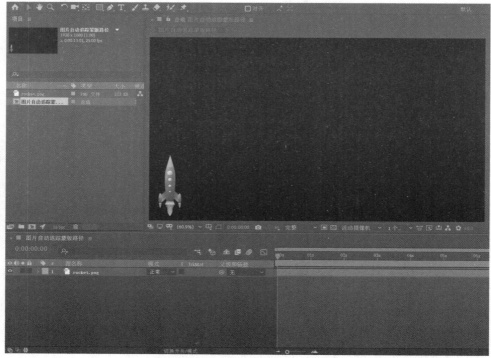

图 7-27

② 执行【图层】>【新建】>【纯色】菜单命令，图层属性采用默认设置，如图 7-28 所示。

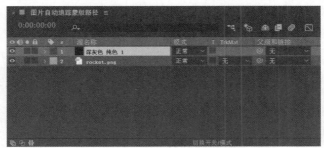

图 7-28

③ 选择"纯色"图层，在【合成】面板上使用【钢笔工具】绘制曲线，如图 7-29 所示。

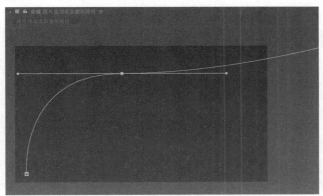

图 7-29

④ 选择"纯色"图层，在其下拉属性中选择【蒙版】>【蒙版 1】>【蒙版路径】属性，按快捷键【Ctrl+C】进行复制，如图 7-30 所示。

图 7-30

⑤ 在【时间轴】面板中选择"rocket"图层，在下拉属性中选择【变换】>【位置】属性，按快捷键【Ctrl+V】进行粘贴，隐藏纯色图层，如图 7-31 所示。

图 7-31

⑥ 选择"rocket"图层，单击鼠标右键，在弹出的快捷菜单中选择【变换】>【自动方向】

命令，在弹出的【自动方向】对话框中选择【沿路径定向】单选按钮，然后单击【确定】
按钮，如图 7-32 所示。

⑦ 选择 "rocket" 图层，打开下拉【属性】中的【变换】属性，设置【旋转】为 "0x +90.0°"，
如图 7-33 所示。

图 7-32

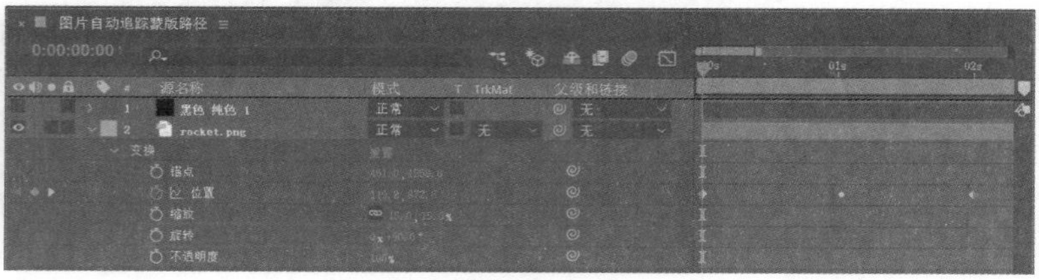

图 7-33

⑧ 本案例制作完毕，按【空格】键，可以预览最终效果，如图 7-34 所示。

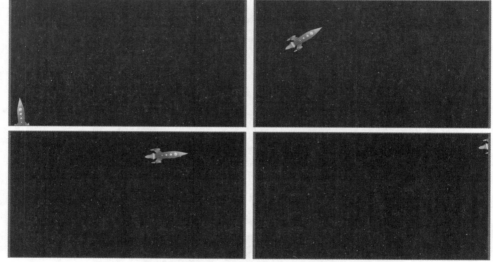

图 7-34

7.1.9 调整蒙版形状

当一个图层中具有多个蒙版时，可以通过选择叠加模式来使蒙版之间产生叠加运算效
果。在【时间轴】面板中，单击蒙版名称右侧的按钮，在其下拉列表中选择【相加】模式即
可，如图 7-35 所示。蒙版的叠加模式只在同一图层的蒙版之间计算。

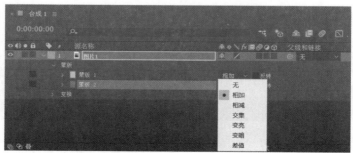

图 7-35

※ 属性详解

● 【无】：选中该选项，蒙版路径将只作为路径使用，不产生局部区域显示效果，如图 7-36 所示。

● 【相加】：选中该选项，当前图层的蒙版区域将与上方的蒙版区域进行相加处理，如图 7-37 所示。

图 7-36

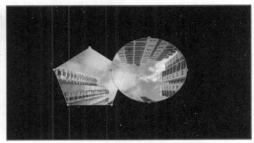
图 7-37

● 【相减】：选中该选项，当前图层的蒙版区域将与上方的蒙版区域进行相减处理，如图 7-38 所示。

● 【交集】：选中该选项，只显示当前蒙版与上方的蒙版的重叠部分，其他部分将被隐藏，如图 7-39 所示。

图 7-38

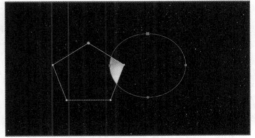
图 7-39

● 【变亮】：选中该选项，对于可视区域，变亮模式与相加模式相同，对于蒙版重叠处的不透明度则采用不透明度较高的值，如图 7-40 所示。

● 【变暗】：选中该选项，对于可视区域，变暗模式与交集模式相同，对于蒙版重叠处的不透明度则采用不透明度较低的值，如图 7-41 所示。

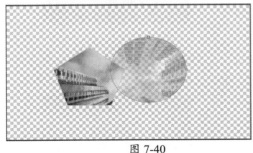
图 7-40

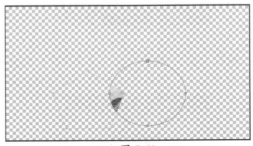
图 7-41

● 【差值】：在蒙版与它上方的多个蒙版重叠的区域中，蒙版从它上方的蒙版的相交部分减去，如图 7-42 所示。

图 7-42

7.2 轨道遮罩

轨道遮罩是以一个图层的 Alpha 信息或明度信息影响另一个图层的显示状态。当图层启用跟踪遮罩后，上层图层将取消显示，如图 7-43 所示。

图 7-43

7.2.1 Alpha 遮罩

选择下层的图层，执行【图层】>【跟踪遮罩】>【Alpha 遮罩】菜单命令，上一层图层的 Alpha 信息将作为底层图层的遮罩，如图 7-44 所示。

图 7-44

选择下层的图层，执行【图层】>【跟踪遮罩】>【Alpha 反转遮罩】菜单命令，上一层图层的 Alpha 信息将反转并作为底层图层的遮罩，如图 7-45 所示。

图 7-45

7.2.2　精通文字转化遮罩

素材文件：案例文件\第 07 章\7.2.2\素材\demo pic.png。
案例文件：案例文件\第 07 章\7.2.2\精通文字转化遮罩.aep。
视频教学：视频教学\第 07 章\7.2.2 精通文字转化遮罩.mp4。
精通目的：掌握文字转化遮罩使用技巧。

操作步骤

① 在 After Effects 软件中，打开项目"案例文件\第 07 章\7.2.2\精通文字转化遮罩.aep"文件，如图 7-46 所示。

图 7-46

② 在【时间轴】面板中选择"demo pic"图层，单击【轨道遮罩】下拉按钮，选择【Alpha 遮罩"文字转化遮罩"】命令，如图 7-47 所示。

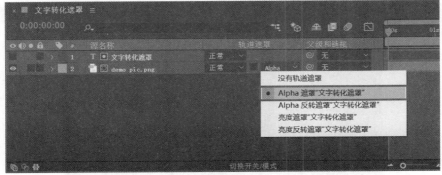

图 7-47

③ 本案例制作完毕，如图 7-48 所示。

图 7-48

7.2.3 亮度遮罩

应用亮度遮罩时，当颜色值为纯白时，下层图层将被完全显示；当颜色值为纯黑时，下层图层将变成透明，【亮度反转遮罩】与其相反。

选择下层的图层，执行【图层】>【跟踪遮罩】>【亮度遮罩】菜单命令，上一层图层的亮度信息将作为下层图层的蒙版，如图 7-49 所示。

图 7-49

选择下层的图层，执行【图层】>【跟踪遮罩】>【亮度反转遮罩】菜单命令，将反转上一层图层的亮度信息并作为下层图层的蒙版，如图 7-50 所示。

图 7-50

提示和小技巧

在【时间轴】面板中单击【切换开关/模式】按钮，可以为指定图层添加【跟踪遮罩】，如图 7-51 所示。

图 7-51

7.3　综合实战：蒙版路径动画实例

素材文件：案例文件\第 07 章\7.3\素材\text.psd、bg.mp4。

案例文件：案例文件\第 07 章\7.3\综合实战：蒙版路径动画实例.aep。

视频教学：视频教学\第 07 章\7.3 综合实战：蒙版路径动画实例.mp4。

技术要点：掌握路径蒙版的拓展应用技巧，针对文字制作动画背景并应用到动画中。

操作步骤

① 在 After Effects 软件中，打开项目"案例文件\第 07 章\7.3\综合实战：蒙版路径动画实例.aep"文件，如图 7-52 所示。

图 7-52

② 在【时间轴】面板中打开"bg.mp4"图层下拉【属性】>【变换】>【缩放】属性，取消【缩放】属性右侧【约束比例】复选框的勾选，设置【缩放】为"-100.0，100.0%"，如图 7-53 所示。

图 7-53

③ 勾选【约束比例】复选框，如图 7-54 所示。

图 7-54

④ 在【时间轴】面板中选择"text.png"图层，在【合成】面板中，选中该图层边缘的【灰色方块】的同时按住【Shift】键进行等比例缩小；选中该图层并向左移动，如图 7-55 所示。

图 7-55

⑤ 在【工具栏】中选择【钢笔工具】，在【合成】面板中绘制一个蒙版，如图 7-56 所示。

图 7-56

⑥ 在【时间轴】面板中，打开"text.png"图层下拉【属性】>【蒙版】>【蒙版1】属性，
将【当前时间指示器】拖曳到"0:00:02:00"处，激活【蒙版路径】属性的【时间变化
秒表】按钮，如图7-57所示。

图 7-57

⑦ 将【当前时间指示器】拖曳到"0:00:03:00"处，在【合成】面板中，利用路径中的【控
制点】调整【蒙版路径】，如图7-58所示。

图 7-58

⑧ 将【当前时间指示器】拖曳到"0:00:04:00"处，在【合成】面板中，使用路径中的【控
制点】调整【蒙版路径】，如图7-59所示。

⑨ 将【当前时间指示器】拖曳到"0:00:05:00"处，在【合成】面板中，使用路径中的【控
制点】调整【蒙版路径】，如图7-60所示。

⑩ 将【当前时间指示器】拖曳到"0:00:06:00"处，在【合成】面板中，使用路径中的【控
制点】调整【蒙版路径】，如图7-61所示。

图 7-59

图 7-60

图 7-61

⑪ 将【当前时间指示器】拖曳到"0:00:07:00"处，在【合成】面板中，使用路径中的【控制点】调整【蒙版路径】，如图 7-62 所示。

图 7-62

⑫ 在【时间轴】面板中选择"bg.mp4"图层,执行【效果】>【模糊和锐化】>【高斯模糊】菜单命令,如图 7-63 所示。

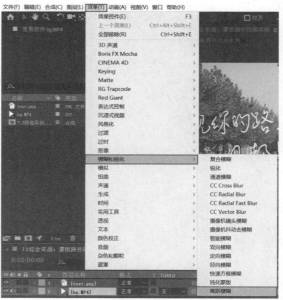

图 7-63

⑬ 将【当前时间指示器】拖曳到"0:00:03:00"处,激活【模糊度】属性的【时间变化秒表】按钮,如图 7-64 所示。

图 7-64

⑭ 将【当前时间指示器】拖曳到"0:00:08:24"处,设置【模糊度】为"20.6",如图 7-65 所示。

图 7-65

⑮ 本案例制作完毕,按【空格】键,可以预览最终效果,如图 7-66 所示。

图 7-66

CHAPTER 8

抠像技术

本章导读

在影视特效中，抠像技术被广泛应用。在 After Effects 软件中，提供了多种抠像效果。本章主要对抠像技术进行详细介绍。

学习要点

- ☑ 抠像概述
- ☑ 背景抠像
- ☑ 抠像助手脚本 Keylight（1.2）
- ☑ 综合实战：人物抠像与合成实例

8.1　抠像概述

8.1.1　认识绿幕合成

　　蓝幕和绿幕都是拍摄特技镜头的背景幕布，演员在蓝幕或绿幕前表演，由摄像机拍摄下来，再用计算机进行处理，抠掉蓝色或绿色的背景，换上其他背景，如图 8-1 所示。

图 8-1

8.1.2　抠像与拍摄的关系

　　拍摄时必须选择合适的背景颜色。避免被拍摄物体含有背景幕布的颜色，是成功的关键。对于常见的人像拍摄来说，因为人的皮肤介于红色和黄色之间，所以，采用红色、橙色和黄色的幕布进行拍摄将无法实现自动抠图，一般采用蓝色、绿色或青色的幕布，具体根据被拍摄对象的颜色来决定。拍摄道具同样需要这样。如果被拍摄对象含有背景颜色，那么抠出来的被拍摄对象上就会有透明或半透明的区域。如果实在无法避免，可以用其他后期处理方法进行弥补。

8.1.3　蓝幕与绿幕的关系

　　蓝色和绿色都是与人皮肤颜色有很大差别的颜色，电影和电视节目抠像针对的对象主要是人。如果针对其他颜色的对象抠像，背景颜色就不一定是绿色或蓝色。

　　蓝幕相对于绿幕的一个显著优点是色彩溢出后看起更加自然，但也有诸多缺点，例如：

　　（1）蓝色比绿色更不容易被照亮，这是蓝色的固有属性，如果想把蓝色照得更亮，则需要更多的光源。

　　（2）相机或摄像机对蓝色的采样更少，采样少意味着采样精度不够，后期抠像难度更大。

　　（3）黑色前景，比如黑色头发等在蓝色背景上更加难扣。

　　（4）在进行蓝色溢出抑制时，会产生更多的问题。

　　（5）蓝色更容易产生噪点，噪点会加大后期抠像的难度。

8.2　背景抠像

8.2.1　线性颜色键

　　通过【线性颜色键】可将图像中的每个像素与指定的键出颜色进行比较，如果像素的颜色与键出颜色相同，则此像素将完全透明；如果此像素与键出颜色完全不同，则此像素将保持原不透明度；如果此像素与键出颜色相似，则此像素将变为半透明。【线性颜色键】将显示两个缩略图像，左侧的缩略图显示的是原始图像，右侧的缩略图显示的是抠像的结果，如图 8-2 所示。

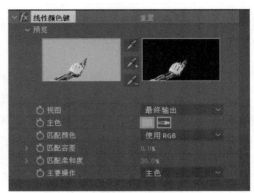

图 8-2

※ 属性详解

- 【视图】：可以通过这一选项选择图像的查看方式，包括【最终输出】、【仅限源】和【仅限遮罩】三种方式。
- 【主色】：指定键出的颜色，单击【吸管工具】，可以吸取屏幕上的颜色，或单击【主色】色板并指定颜色。
- 【匹配颜色】：用于设置抠像的颜色空间，一共有三种模式，分别为【使用 RGB】、【使用色相】、【使用色度】，一般情况下，默认为【使用 RGB】。
- 【匹配容差】：可以通过这一选项对键出颜色的范围进行调整，数值越大，被键出的颜色范围越大。
- 【匹配柔和度】：用于设置透明区域与不透明区域的柔和度，通过减少容差值来柔化匹配容差。
- 【主要操作】：用于设置指定颜色的操作方式，分为【主色】和【保持颜色】。【主色】为设置移除的色彩，【保持颜色】则是设置保留的颜色。

8.2.2 颜色范围

通过【颜色范围】可以在 Lab、YUV 或 RGB 色彩空间中指定抠除的颜色范围，对于包含多种颜色或亮度不均匀的背景，可以创建透明效果，如图 8-3 所示。

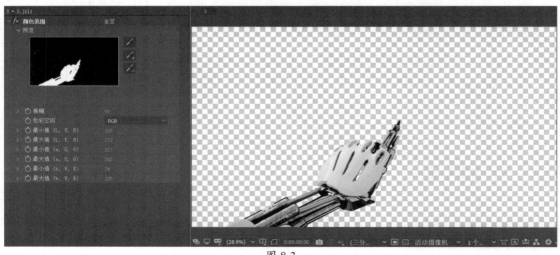

图 8-3

※ 属性详解

- 【预览】：可以通过这一选项查看图像的键出情况。黑色部分为抠除区域，白色部分为保留区域，而灰色部分是过渡区域。
- 【模糊】：用于设置边缘的柔化程度。
- 【色彩空间】：指定键出颜色的模式，包括【Lab】、【YUV】、【RGB】三种模式。
- 【最小值（L，Y，R）】和【最大值（L，Y，R）】：指定色彩空间的第一个分量。最小值用于设置颜色范围的起始颜色，最大值用于设置颜色范围的结束颜色。
- 【最小值（a，U，G）】和【最大值（a，U，G）】：用于设置指定色彩空间的第二个分量。最小值用于设置颜色范围的起始颜色，最大值用于设置颜色范围的结束颜色。
- 【最小值（b，V，B）】和【最大值（b，V，B）】：用于设置指定色彩空间的第三个分量。最小值用于设置颜色范围的起始颜色，最大值用于设置颜色范围的结束颜色。

提示和小技巧

选择【主色】吸管吸取图像中最大范围的颜色，选择【加色吸管】可以继续添加抠除范围的颜色，选择【减色吸管】可以减去抠除范围中的颜色。

8.2.3　精通商务角色抠像

素材文件： 案例文件\第 08 章\8.2.3\素材\抠像.mp4。
案例文件： 案例文件\第 08 章\8.2.3\精通商务角色抠像.aep。
视频教学： 视频教学\第 08 章\8.2.3 精通商务角色抠像.mp4。
精通目的： 掌握快速绿幕抠像使用技巧。

操作步骤

① 在 After Effects 软件中，打开项目"案例文件\第 08 章\8.2.3\精通商务角色抠像.aep"文件，如图 8-4 所示。

图 8-4

② 在【时间轴】面板选中"抠像.mp4"图层，执行【效果】>【抠像】>【颜色范围】菜单命令，如图 8-5 所示。

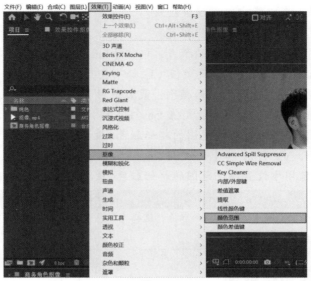

图 8-5

③ 在【效果控件】面板中，选择【颜色范围】中的【吸管工具】，随后在【合成】面板中吸取画面中的"绿色"部分，如图 8-6 所示。

图 8-6

④ 使用【增量吸管工具】，在【合成】面板中吸取其余"绿色"部分，重复此操作，直到画面中没有"绿色"部分，如图 8-7 所示。

图 8-7

⑤　设置【模糊】为"35"，如图 8-8 所示。

⑥　在【时间轴】面板中，激活"中间色品蓝色"图层的【隐藏】命令，隐藏该图层，如图
　　8-9 所示。

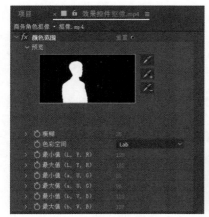

图 8-8　　　　　　　　　　　　　　　　　　图 8-9

⑦　本案例制作完毕，按【空格】键，可以预览最终效果，如图 8-10 所示。

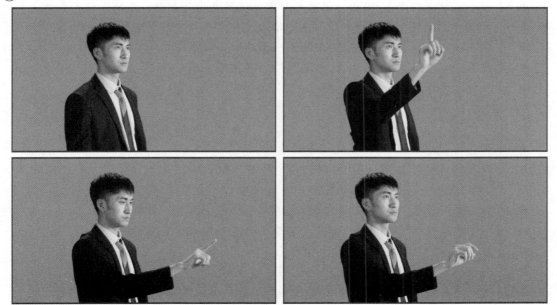

图 8-10

8.2.4　颜色差值键

可以通过【颜色差值键】将图像划分为"A、B 两个蒙版"，来创建透明度信息。"蒙版
B"用于指定键出颜色，"蒙版 A"使透明度基于不含第二种不同颜色的图像区域。结合"蒙
版 A"和"蒙版 B"就创建了"α 蒙版"。【颜色差值键】适合处理带有透明和半透明区域的
图像，如图 8-11 所示。

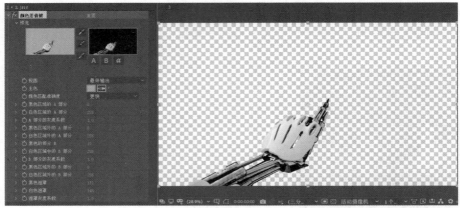

图 8-11

※ 属性详解

● 【视图】：设定图像在面板中的查看模式，系统一共提供了 9 种模式。

● 【主色】：指定键出的颜色，单击【吸管工具】可以吸取屏幕上的颜色，或单击【键颜色】色板并指定颜色。

● 【颜色匹配准确度】：用于对图像中颜色的精确度进行调整，系统提供了【更快】和【更准确】两种模式，可以通过【更准确】来实现一定程度的溢出控制。

● 【黑色区域的 A 部分】：控制 A 通道中的透明区域。

● 【白色区域的 A 部分】：控制 A 通道中的不透明区域。

● 【A 部分的灰度系数】：对图像中的灰度值进行平衡调整。

● 【黑色区域外的 A 部分】：控制 A 通道中透明区域的不透明度。

● 【白色区域外的 A 部分】：控制 A 通道中不透明区域的不透明度。

● 【黑色的部分 B】：控制 B 通道中的透明区域。

● 【白色区域中的 B 部分】：控制 B 通道的不透明区域。

● 【B 部分的灰度系数】：对图像中的灰度值进行平衡调整。

● 【黑色区域外的 B 部分】：控制 B 通道中透明区域的不透明度。

● 【白色区域外的 B 部分】：控制 B 通道中不透明区域的不透明度。

● 【黑色遮罩】：控制透明区域的范围。

● 【白色遮罩】：控制不透明区域的范围。

● 【遮罩灰度系数】：对图像的透明区域和不透明区域的灰度值进行平衡调整。

8.2.5 高级溢出控制器

　　【高级溢出抑制】效果不是用来抠像的，而是用于抠像后素材边缘颜色的调整。通常情况下，抠像完成的素材在边缘位置会受到周围色彩的影响，【高级溢出抑制】可以从图像中移除主色的痕迹，如图 8-12 所示。

图 8-12

※ 属性详解

● 【方法】：分为【标准】和【极致】。【标准】方法比较简单，可自动检测主要抠像颜色。【极致】方法基于 Premiere Pro 中的【极致键】效果的溢出抑制。

● 【抑制】：用于控制抑制颜色的强度。

8.2.6 精通对象边缘优化

素材文件：案例文件\第 08 章\8.2.6\素材\抠像.mp4。

案例文件：案例文件\第 08 章\8.2.6\精通对象边缘优化.aep。

视频教学：视频教学\第 08 章\8.2.6 精通对象边缘优化.mp4。

精通目的：掌握抠像后边缘的优化方法。

操作步骤

① 在 After Effects 软件中，打开项目"案例文件\第 08 章\8.2.6\精通对象边缘优化.aep"文件，如图 8-13 所示。

图 8-13

② 在【时间轴】面板中，隐藏"中间色品蓝色"图层，如图 8-14 所示。

图 8-14

③ 在【时间轴】面板中选择"抠像"图层,执行【效果】>【抠像】>【Advanced Spill Suppressor】菜单命令,如图 8-15 所示。

图 8-15

④ 在【效果控件】面板中展开【Advanced Spill Suppressor】属性选项,设置【方法】为"标准",【抑制】为 100.0%,如图 8-16 所示。

图 8-16

⑤ 在【时间轴】面板中,取消隐藏"中间色品蓝色"图层,如图 8-17 所示。

图 8-17

⑥ 本案例制作完毕,按【空格】键,可以预览最终效果,如图 8-18 所示。

图 8-18

8.2.7　CC Simple Wire Removal（威亚擦除工具）

【CC Simple Wire Removal】主要用于抠除视频中用于保护特技表演者的金属丝。具体参数如图 8-19 所示。

图 8-19

※　属性详解

● 【Point A】（点 A）：设置 A 点的位置。

● 【Point B】（点 B）：设置 B 点的位置，通过 A 点和 B 点的位置共同定义需要擦除的线条。

● 【Removal Style】（移除风格）：移除风格一共有 4 个选项，默认选项为【Displace（置换）】。【Displace】和【Displace Horziontal】（水平置换）选项通过原图像中的像素信息，设置镜像混合的程度来进行金属丝的移除。【Fade】（衰减）选项只能通过设置厚度与倾斜参数进行调整。【Frame Offset】（帧偏移）选项通过相邻帧的像素信息进行金属丝的移除。

● 【Thickness】（厚度）：用于设置擦除线段的厚度。

● 【Slope】（倾斜）：用于设置擦除点之间的像素替换比率，数值越大移除效果越明显。

● 【Mirror Blend】（镜像混合）：用于设置镜像混合的程度。

● 【Frame Offset】（帧偏移）：设置帧偏移的量，数值调整范围为-120 至 120。

提示和小技巧

在使用【CC Simple Wire Removal】进行金属丝的移除时，如果画面中有多条金属丝，则需要多次应用此功能，重新设置移除选项，才能够完成画面清理效果。

8.3 抠像助手脚本 Keylight（1.2）

8.3.1 认识 Keylight

在早期，Keylight（1.2）是针对 After Effects 软件的一款外置抠像插件，用户需要专门安装才可以使用。随着 After Effects 的版本升级，Keylight（1.2）被整合进来，用户可以直接调用。Keylight 参数相对复杂，但非常适合处理反射、半透明区域和头发，如图 8-20 所示。

※ 属性详解

- 【View】（视图）：用于设置图像在合成窗口中的显示方式，一共提供了 11 种显示方式，如图 8-21 所示。

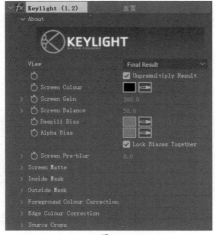

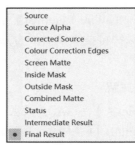

图 8-20   图 8-21

- 【Unpremultiply Result】（非预乘结果）：使用预乘通道时，透明度信息不仅储存在 Alpha 通道中，也储存在可见的 RGB 通道中，后者乘以一个背景颜色，半透明区域的颜色偏向于背景颜色。勾选该复选框，图像为不带 Alpha 通道的显示方式。
- 【Screen Colour】（屏幕颜色）：用于设定需要键出的颜色。用户可以通过【吸管工具】直接对需要去除背景的图层颜色进行取样。
- 【Screen Gain】（屏幕增益）：用于设定键出效果的强弱。数值越大，抠除的程度越大。
- 【Screen Balance】（屏幕均衡）：用于控制色调的均衡程度。均衡值越大，屏幕颜色的饱和度越高。
- 【Despill Bias】（反溢出偏差）：用于控制前景边缘的颜色溢出。
- 【Alpha Bias】（Alpha 偏差）：使 Alpha 通道向某一类颜色偏移。在多数情况下，不用单独调节此参数。

- 【Screen Pre-blur】（屏幕预模糊）：在进行图像抠除之前，先对画面进行模糊处理。此参数数值越大，模糊程度越高，一般用于抑制画面的噪点。

- 【Screen Matte】（屏幕蒙版）：用于微调蒙版参数，更为精确地控制颜色键出的范围，如图 8-22 所示。

  ➢ 【Clip Black】（消减黑色）：设定蒙版中黑色像素的起点值。适当提高该数值，可以增大背景图像的扣除区域。

  ➢ 【Clip White】（消减白色）：设置蒙版中白色像素的起点值。适当降低该数值，可以调整图像保留区域的范围。

  ➢ 【Clip Rollback】（消减回滚）：在使用消减黑色/白色对图像保留区域进行调整时，可以通过【Clip Rollback】恢复消减部分的图像，这对于找回保留区域的细节像素是非常有用的。

  ➢ 【Screen Shrink/Grow】（屏幕收缩/扩展）：用来设置蒙版的范围。减小数值为收缩蒙版的范围，增大数值为扩大蒙版的范围。

  ➢ 【Screen Softness】（屏幕柔化）：用来对蒙版进行模糊处理。数值越大，柔化效果越明显。

  ➢ 【Screen Despot Black】（屏幕独占黑色）：当白色区域有少许黑点或灰点的时候（即透明和半透明区域），调节此参数可以去除那些黑点和灰点。

  ➢ 【Screen Despot White】（屏幕独占白色）：当黑色区域有少许白点或灰点的时候（即不透明和半透明区域），调节此参数可以去除那些白点和灰点。

  ➢ 【Replace Method】（替换方式）：设置溢出边缘区域颜色的替换方式。

  ➢ 【Replace Colour】（替换颜色）：用于设置溢出边缘区域颜色的补救颜色。

- 【Inside Mask】（内侧遮罩）：

  ➢ 使用【Inside Mask】建立遮罩作为保留的区域，可以隔离前景，对于前景图像中包含背景颜色的素材，可以起到保护作用，如图 8-23 所示。

图 8-22   图 8-23

  ➢ 【Inside Mask】（内侧遮罩）：选择保留区域的遮罩。

  ➢ 【Inside Mask Softness】（内侧遮罩柔化）：设置遮罩的柔化程度。

  ➢ 【Invert】（反转）：反转遮罩的方向。

  ➢ 【Replace Method】（替换方式）：用于设置溢出边缘区域颜色的替换方式，共有4 种模式。

> ➢ 【Replace Colour】（替换颜色）：用于设置溢出边缘区域颜色的补救颜色。
> ➢ 【Source Alpha】（源 Alpha）：用于设置如何处理图像中自带的 Alpha 通道信息，共有 3 种模式。

- 【Outside Mask】（外侧遮罩）：用于建立遮罩作为排除的区域，对于背景复杂的素材，可以建立外侧遮罩以指定背景像素，如图 8-24 所示。

图 8-24

> ➢ 【Outside Mask】（外侧遮罩）：选择排除区域的遮罩。
> ➢ 【Outside Mask Softness】（外侧遮罩柔化）：设置遮罩的柔化程度。
> ➢ 【Invert】（反转）：反转遮罩的方向。

- 【Foreground Colour Correction】（前景颜色校正）：用来调整前景的颜色，包括【饱和度】、【对比度】、【亮度】、【颜色控制】和【颜色平衡】。
- 【Edge Colour Correction】（边缘颜色校正）：用来调整蒙版边缘的颜色和范围。
- 【Source Crops】（源裁剪）：用于源素材的修剪，可通过选项中的参数裁剪画面。

8.3.2 精通头发细节处理

素材文件：案例文件\第 08 章\8.3.2\素材\bg.png、keying.png、keylight 中文对照.png。
案例文件：案例文件\第 08 章\8.3.2\精通处理头发细节.aep。
视频教学：视频教学\第 08 章\8.3.2 精通处理头发细节.mp4。
精通目的：掌握移动蒙版的使用技巧。

操作步骤

① 在 After Effects 软件中，打开项目"案例文件\第 08 章\8.3.2\精通处理头发细节.aep"文件，如图 8-25 所示。

图 8-25

② 在【时间轴】面板中选择"keying.png"图层，执行【效果】>【Keying】>【Keylight（1.2）】菜单命令，如图 8-26 所示。

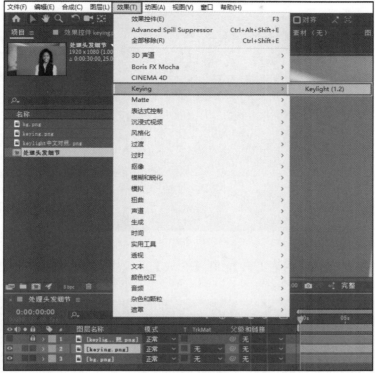

图 8-26

③ 在【效果控件】面板中选择【Keylight（1.2）】下拉属性中【Screen Colour】属性的【吸管工具】，在【合成】面板中吸取离抠像人物较近的绿色，如图 8-27 所示。

图 8-27

④ 设置【Screen Gain】为"105.0"，如图 8-28 所示。

图 8-28

⑤ 在【工具栏】中选择【钢笔工具】，在【合成】面板中对抠像对象外部边缘进行绘制，如图 8-29 所示。

图 8-29

⑥ 在【时间轴】面板中打开 "keying.png" 图层下拉属性【蒙版】>【蒙版 1】，选择【模式】为 "无"，如图 8-30 所示。

⑦ 在【效果控件】面板中打开【Keylight（1.2）】下拉属性中的【Outside Mask】属性，并选择为 "蒙版 1"，勾选【Invert】复选框，如图 8-31 所示。

⑧ 在【工具栏】中选择【钢笔工具】，在【合成】面板中对抠像对象内部边缘进行绘制；在【时间轴】面板中打开 "keying.png" 图层下拉属性【蒙版】>【蒙版 2】，选择【模式】为 "无"，如图 8-32 所示。

图 8-30

图 8-31

图 8-32

⑨　在【效果控件】面板中打开【Keylight（1.2）】下拉属性中的【Inside Mask】属性，并选
　　择为"蒙版 2"，如图 8-33 所示。

图 8-33

⑩ 选择【Despill Bias】属性的【吸管工具】，在【合成】面板中吸取人物肤色，如图 8-34 所示。

图 8-34

⑪ 本案例制作完毕，如图 8-35 所示。

8.3.3 精通将对象集成到场景

素材文件：案例文件\第 08 章\8.3.3\素材\
DSC00087.jpg、keyingdemo.mp4。

案例文件：案例文件\第 08 章\8.3.3\精通
将对象集成到场景.aep。

视频教学：视频教学\第 08 章\8.3.3 精通将
对象集成到场景.mp4。

图 8-35

精通目的：掌握抠像后将对象集成到场景的技巧。

操作步骤

① 在 After Effects 软件中，打开项目"案例文件\第 08 章\8.3.3\精通将对象集成到场景.aep"
文件，如图 8-36 所示。

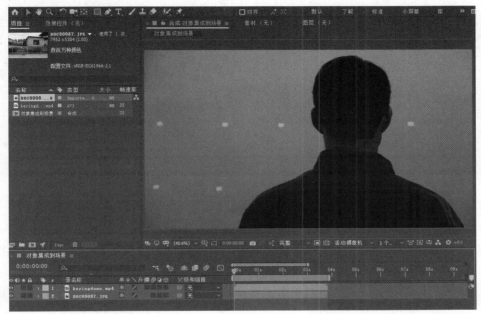

图 8-36

② 在【时间轴】面板中选择"keyingdemo.mp4"图层，执行【效果】>【Keying】>【Keylight
（1.2）】菜单命令，如图 8-37 所示。

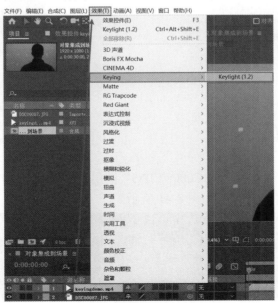

图 8-37

③ 在【效果控件】面板中选择【Keylight（1.2）】下拉属性中【Screen Colour】属性的【吸管工具】，在【合成】面板中吸取离抠像人物较近位置的绿色，如图 8-38 所示。

图 8-38

④ 设置【Screen Gain】为"110.0"，如图 8-39 所示。

⑤ 打开【Screen Matter】下拉属性，设置【Clip Black】为"31.0"，【Clip White】为"40.0"，【Screen Shrink/Grow】为"-5.5"，【Screen Softness】为"3.8"，【Screen Despot Black】为"2.8"，【Screen Despot White】为"6.9"，如图 8-40 所示。

图 8-39

图 8-40

⑥ 在【时间轴】面板中选择"DSC00087.JPG"图层，按【S】键打开【缩放】属性，设置【缩放】为"30.0，30.0%"，如图 8-41 所示。

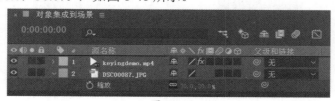

图 8-41

⑦ 执行【效果】>【颜色校正】>【Lumetri 颜色】菜单命令，如图 8-42 所示。

⑧ 在【效果控件】面板中打开【Lumetri 颜色】>【基本校正】>【白平衡】属性，设置【色温】为 "-30.0"，打开【音调】下拉属性，设置【高光】为 "-60.0"，【阴影】为 "-40.0"，【白色】为 "-25.0"，【黑色】为 "15.0"，如图 8-43 所示。

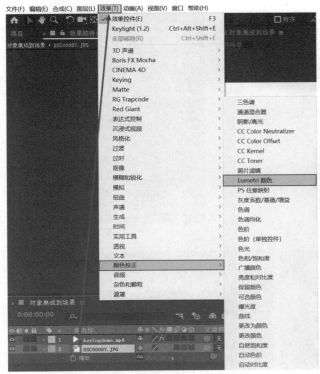

图 8-42

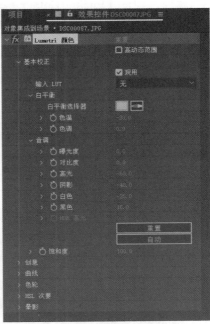

图 8-43

⑨ 打开【曲线】下拉属性，利用【色相（与亮度）】选择器吸取天空中颜色较深的部分，调整【色相与亮度】曲线，如图 8-44 所示。

图 8-44

⑩ 执行【效果】>【模糊和锐化】>【高斯模糊】菜单命令，设置【模糊度】为"60.0"，如图8-45 所示。

⑪ 在【时间轴】面板中，选择"keyingdemo.mp4"图层，在【效果控件】面板中打开【Keylight（1.2）】下拉属性中的【Foreground Colour Correction】属性，勾选【Enable Colour Correction】复选框，设置【Saturation】为"110.0"，【Brightness】为"10.0"，如图 8-46 所示。

⑫ 本案例制作完毕，按【空格】键，可以预览最终效果，如图 8-47 所示。

图 8-45

图 8-46

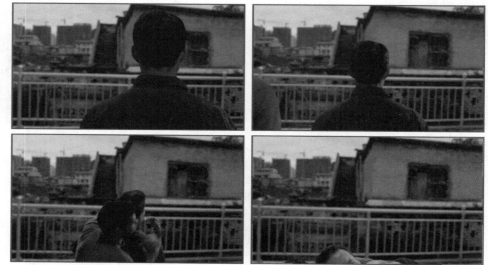

图 8-47

8.4 综合实战：人物抠像与合成实例

素材文件：案例文件\第 08 章\8.4\素材\Greenscreen-keying.mp4、bg.mp4。

案例文件：案例文件\第 08 章\8.4\综合实战：人物抠像与合成实例.aep。

视频教学：视频教学\第 08 章\8.4 综合实战：人物抠像与合成实例.mp4。

精通目的：掌握抠像后将对象集成到场景过程中的色彩匹配与运动追踪的技巧。

![操作步骤]

① 在 After Effects 软件中，打开项目"案例文件\第 08 章\8.4\综合实战：人物抠像与合成实例.aep"文件，如图 8-48 所示。

图 8-48

② 在【时间轴】面板中选择"Greenscreen-keying.mp4"图层，执行【效果】>【Keying】>【Keylight（1.2）】菜单命令，如图 8-49 所示。

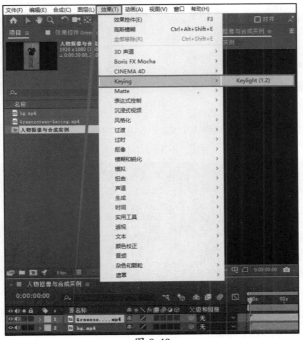

图 8-49

③ 在【效果控件】面板中选择【Keylight（1.2）】下拉属性中【Screen Colour】属性的【吸管工具】，在【合成】面板中吸取离抠像人物较近位置的绿色，如图 8-50 所示。

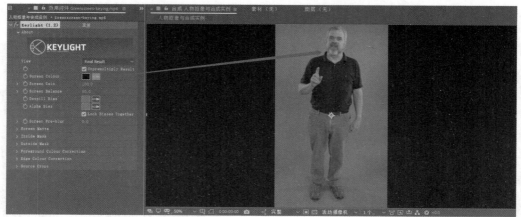

图 8-50

④ 在【View】属性中选择"Screen Matte"，在【工具栏】中选择【钢笔工具】，在【合成】面板中沿人物内边缘进行绘制，注意避开小臂，如图 8-51 所示。

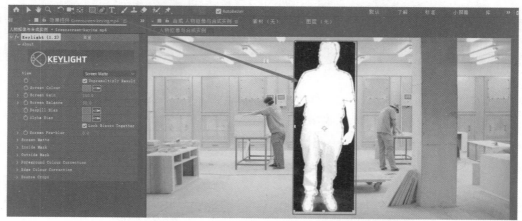

图 8-51

⑤ 在【时间轴】面板中打开"Greenscreen-keying.mp4"图层下拉属性【蒙版】>【蒙版1】属性，设置【模式】为"无"，如图 8-52 所示。

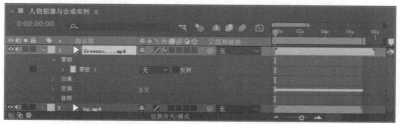

图 8-52

⑥ 在【效果控件】面板中打开【Keylight（1.2）】下拉属性中的【Inside Mask】属性，并选择为"蒙版1"，如图 8-53 所示。

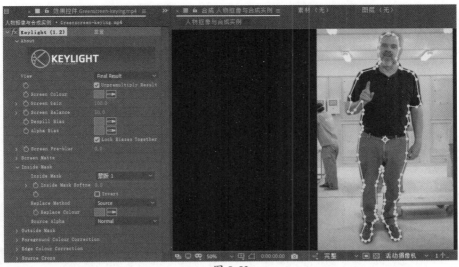

图 8-53

⑦　在【工具栏】中选择【钢笔工具】，在【合成】面板中沿人物外边缘进行绘制，注意留
　　下阴影部分，如图 8-54 所示。

图 8-54

⑧　在【时间轴】面板中打开"Greenscreen-keying.mp4"图层下拉属性【蒙版】>【蒙版 2】
　　属性，设置【模式】为"无"，如图 8-55 所示。

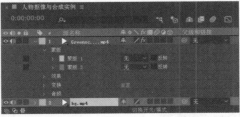

图 8-55

⑨　在【效果控件】面板中打开【Keylight（1.2）】下拉属性中的【Outside Mask】属性，选
　　择为"蒙版 2"，勾选【Invert】复选框，如图 8-56 所示。

⑩　选择【Despill Bias】属性，使用右侧的【吸管工具】吸取【合成】面板中"地面蓝灰色"
　　区域的颜色，如图 8-57 所示。

图 8-56

图 8-57

⑪ 在【View】属性中选择"Final Result",设置【Screen Gain】为"105.0",如图 8-58 所示。

⑫ 打开【Foreground Colour Correction】下拉属性,勾选【Enable Colour Correction】复选框,设置【Saturation】为"80.0",如图 8-59 所示。

图 8-58

图 8-59

⑬　在【时间轴】面板中选择"Greenscreen-keying.mp4"图层，执行【效果】>【颜色校正】>
【Lumetri 颜色】菜单命令，如图 8-60 所示。

图 8-60

⑭　在【效果控件】面板中打开【Lumetri 颜色】>【基本校正】>【白平衡】属性，设置【色
温】为"-100.0"；打开【音调】下拉属性，设置【曝光度】为"0.3"，【高光】为"30.0"，
【白色】为"20.0"，【饱和度】为"70.0"，如图 8-61 所示。

⑮　打开【创意】下拉属性，设置【自然饱和度】为"-20.0"，用鼠标指针按住【阴影淡色】
属性的"中心十字"向右下方适当拖曳，如图 8-62 所示。

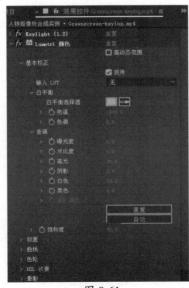

图 8-61

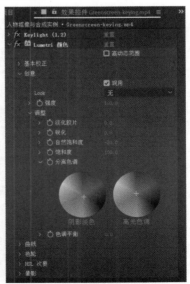

图 8-62

⑯ 在【时间轴】面板中选择"Greenscreen-keying.mp4"图层，按【S】键打开【缩放】属性，设置【缩放】为"70.0，70.0%"；按【P】键，打开【位置】属性，设置【位置】为"464.0，713.0"，如图 8-63 所示。

图 8-63

⑰ 在【时间轴】面板中选择"bg.mp4"图层，在【跟踪器】面板中，单击【跟踪运动】按钮，在【合成】面板中，设置【跟踪点】位置，完成后单击【向前分析】按钮，如图 8-64 所示。

图 8-64

⑱ 打开"bg.mp4"图层下拉属性中的【动态跟踪器】>【跟踪器 1】>【跟踪点 1】属性，选择【功能中心】属性，按快捷键【Ctrl+C】进行复制，将【将当前时间指示器】拖曳到"0：00：00：00"处，选择"Greenscreen-keying.mp4"图层的【位置】属性，按快捷键【Ctrl+V】进行粘贴，如图 8-65 所示。

图 8-65

⑲ 选择"Greenscreen-keying.mp4"图层的【锚点】属性，设置【锚点】为"1700.0，740.0"，如图 8-66 所示。

图 8-66

⑳ 本案例制作完毕，按【空格】键，可以预览最终效果，如图 8-67 所示。

图 8-67

CHAPTER 9

色彩调整

本章导读

随着影视后期处理技术的不断发展，传统的调色技术已经渐渐被数字调色技术所取代。数字调色技术主要分为校色和调色。在前期拍摄的时候由于一些问题，视频可能会出现一些偏色，这就需要进行校色来使视频恢复真实的色彩。通过调色可以制作一些特殊的艺术效果，在后期制作中，调色阶段尤为重要。调色能够从形式上更好地表达画面内容。画面是一部影片最重要的基本元素，画面的颜色效果会直接影响影片的内容表现。本章将详细地介绍色彩的基础知识以及调色。

学习要点

- ☑ 色彩理论基础
- ☑ 常用滤镜效果
- ☑ Lumetri 颜色效果
- ☑ 综合实战：清新文艺风格调色实例

9.1　色彩理论基础

9.1.1　色彩概述

色彩是人眼看到光后的一种感觉。这种感觉是人眼接受光的折射和心理感受结合后的产物。光线进入眼睛，相应信号被传输至大脑，大脑会对这种刺激产生一种感觉定义，这就是色彩。随后大脑对刺激程度给出一个强度的变化，而这种变化正是人们对光的理解。

一、三原色

我们把最基础的三种颜色称为三原色，原色是不能再分解的基本颜色，但可以合成其他颜色。光的三原色为红、绿、蓝（RGB）三种颜色，将它们以不同的比例混合，可以混合出各种颜色。当三种颜色的混合达到一定程度的时候，可以呈现白光的效果，所以这种颜色模式又被称为加色模式。除了光的三原色，还有另一种三原色，称颜料三原色。我们看到的印刷品上的颜色，实际上是纸张反射的光线。颜料吸收光线，而不是将光线叠加，因此颜料的三原色是能够吸收 RGB 的颜色，为黄、品红、青（CMY），它们是 RGB 的补色。如图 9-1 所示，左边为光的三原色，右边为颜料三原色。

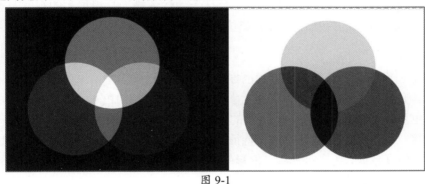

图 9-1

二、间色

由两个不同的原色相互混合所得出的色彩就是间色，如黄与蓝混合后得绿，蓝与红混合后得紫。

三、复色

将不同的两个间色（如紫和绿、绿和橙）或相对应的间色（如黄和紫）相互混合后得出的颜色就是复色。

9.1.2　色彩三要素

通常所说的色彩三要素由色彩的明度、色调（色相）和饱和度（纯度）三部分组成。在日常生活中，人眼接触的任何彩色光都是这三种特性的综合效果。

一、明度

常说的明度是颜色中亮度和暗度的总和。计算明度的方法是根据颜色中灰度所占的比例。在比例测试中，黑色表示为 0，白色表示为 10，在 0～10 之间以相同比例分割成 9 个阶段。在色彩上则分为无色和有色，但要注意，无色仍然存在明度变化。作为有色，每一种颜色都有各自的亮度和暗度。灰度测试卡如图 9-2 所示。

灰度测试卡

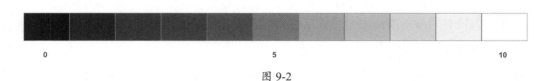

图 9-2

二、色相

色彩的呈现原理，是基于光的物理反射至人眼视觉神经所形成的一种感觉。由于光波不同，长短差别就会形成不同的颜色。这里说的色相，就是各种不同颜色的差别。在诸多波长中，红色最长，紫色最短。把红、橙、黄、绿、蓝、紫和它们之间对应的中间色红橙、黄橙、黄绿、蓝绿、蓝紫、红紫共 12 种颜色放在一个圆环上，此时的色环被称为色相环。在色相环上都是高纯度的颜色，通常被称为纯色。色环上的颜色排列是根据人的视觉及感觉进行等间隔排列的。以色环中心为基点，在 180°位置的两种颜色被称为互补色，如图 9-3 所示。

三、饱和度

色彩的饱和度指色彩的鲜艳程度，也称作纯度。在色彩学中，原色饱和度最高，随着饱和度的降低，色彩会变得暗淡直至成为无彩色，即失去色相的色彩，如图 9-4 所示。当饱和度为 0 时，色彩呈现黑色或白色。从科学的角度，一种颜色的鲜艳程度取决于这一色相发射光的单一程度。人眼能辨别的有单色光特征的颜色，都具有一定的鲜艳度。饱和度越高，色彩越鲜明，饱和度越低，色彩越黯淡。色彩的饱和度变化，可以产生丰富的强弱不同的色相，而且使色彩产生不同的韵味与美感。

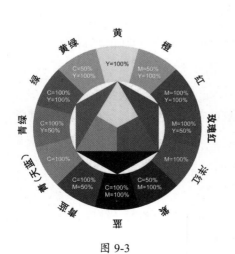

图 9-3

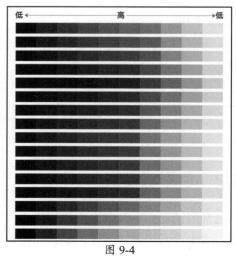

图 9-4

9.1.3 色彩三要素的应用

通常，合理运用色彩可以表现不同的效果，例如利用色彩表现空间感。我们可以通过明度、纯度、色相、冷暖和形状等因素进行表达。

（1）利用色彩明度表达空间感时应注意，高明度颜色在空间上有靠前的感觉，而低明度颜色在空间上则有靠后的感觉。

（2）利用颜色冷暖对比时应注意，偏暖的颜色在空间上会带来靠前的感觉，而偏冷的颜色在空间上会带来靠后的感觉。

（3）利用颜色纯度进行对比时应注意，纯度高的颜色会带来靠前的感觉，纯度低的颜色则会带来靠后的感觉。

（4）从画面来讲，色彩统一、完整的画面整体给人靠前的感觉，而色彩零碎、边缘模糊的画面整体给人靠后的感觉。

（5）从透视关系来讲，大面积的色彩给人靠前的感觉，而小面积的色彩给人靠后的感觉。

（6）从形状结构来讲，规则的图形给人靠前的感觉，而不规则的图形则给人靠后的感觉。

提示和小技巧

颜色深度（或位深度）用于表示像素颜色的每通道位数（bpc）。每个 RGB 通道（红色、绿色和蓝色）的位数越多，每个像素可以表示的颜色就越多。

在 After Effects 软件中，可以使用 8 位、16 位或 32 位颜色，如图 9-5 所示。

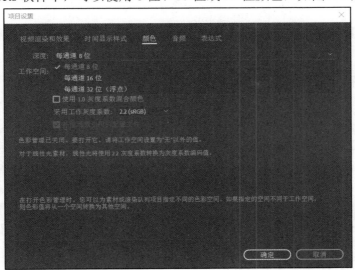

图 9-5

8 位像素的每个颜色通道可以具有从 0（黑色）到 255（纯饱和色）的值。16 位像素的每个颜色通道可以具有从 0（黑色）到 32768（纯饱和色）的值。如果所有颜色通道都具有最大纯色值，则结果是白色。32 位像素可以有低于 0.0 的值和超过 1.0（纯饱和色）的值，因此 After Effects 软件中的 32 位颜色也是高动态范围（HDR）颜色，HDR 值可以比白色更明亮。

9.2 常用滤镜效果

After Effects 在【颜色校正】子菜单命令中提供了【色阶】、【曲线】、【色相/饱和度】等效果项，这是最基础的滤镜效果。

9.2.1 色阶

通常，色阶可用来表现图像的亮度级别和强弱分布，即色彩分布指数。而在数字图像处理软件中，色阶一般指灰度的分辨率，又称幅度分辨率或灰度分辨率。在 After Effects 软件中，可以通过【色阶】效果增加图像的明暗对比度，如图 9-6 所示。

图 9-6

执行【效果】>【颜色校正】>【色阶】菜单命令，在【效果控件】面板中展开效果参数，如图 9-7 所示。

※ 属性详解

● 【通道】：共有 RGB、红色、绿色、蓝色和 Alpha 五种通道，可以根据自身需求进行选择并进行调节。

● 【直方图】：可以直观地看到图像的颜色分布情况，如图像的高光区域、阴影区域以及中间区域的亮度情况。通过对不同部分进行调整来改变图像整体的色彩平衡和色调范围。可以通过拖曳滑块进行颜色调整，将暗淡的图像调整得更为明亮。

> **提示和小技巧**
> 单击直方图可在以下两个选择之间切换：显示所有颜色通道的直方图和仅显示在【通道】选项中选择的一个或多个通道的直方图。

● 【输入黑色】：调整图像中黑色的占比。

● 【输入白色】：调整图像中白色的占比。

● 【灰度系数】：调整图像中灰度的参数值，调节图像中阴影部分和高光部分的相对值。

● 【输出黑色】：调整图像由深到浅的可见度，当数值越高时，整体图像越亮。

● 【输出白色】：调整图像由浅到深的可见度，当数值越低时，整体图像越暗。

● 【剪切以输出黑色】/【剪切以输出白色】：用于确定亮度值小于【输入黑色】值或大于【输入白色】值的像素结果。如果已打开剪切功能，则会将亮度值小于【输入黑色】值的像素映射到【输出黑色】值，将亮度值大于【输入白色】值的像素映射到【输出白色】值。如果关闭剪切功能，则生成的像素值会小于【输出黑色】值或大于【输出白色】值，并且灰度系数值会发挥作用。

提示和小技巧

在【颜色校正】效果中，还提供了【色阶（单独控件）】效果，该效果可通过对每一个色彩通道的色阶进行单独调整，来设置整体画面的效果，使用方法跟【色阶】效果基本一致，如图 9-8 所示。

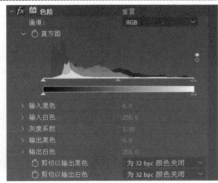
图 9-7

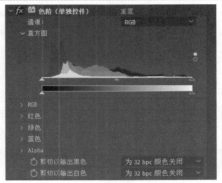
图 9-8

9.2.2　曲线

在 After Effects 软件中可以通过曲线控制效果，可以灵活地调整图像的色调范围。可以使用这一功能对图像整体或单独通道进行调整，可以为暗淡的图像赋予新的活力，如图 9-9 所示。

执行【效果】>【颜色校正】>【曲线】菜单命令，在【效果控件】面板中展开效果参数。曲线左下角的端点代表图像中的暗部区域，右上角的端点代表图像中的高光区域。往上移动点会使图像变亮，往下移动点会使图像变暗，使用"S 形"曲线会增加图像的明暗对比度，如图 9-10 所示。

图 9-9

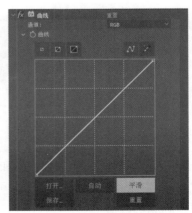
图 9-10

※ 属性详解

- 【通道】：共有 RGB、红色、绿色、蓝色和 Alpha 五种可选通道，可以根据自身需求进行选择并进行调节。
- 【曲线工具】：通过该按钮在曲线上增加或删减节点，通过设置不同节点可以更加精确地调整图像。
- 【铅笔工具】：通过该按钮对曲线进行自定义绘画。
- 【打开】：通过该选项导入之前设定的曲线文件。
- 【保存】：通过该选项对设定好的曲线进行保存。
- 【平滑】：通过该选项对已修改的参数做出缓和处理，使画面中修改的效果更加平滑。
- 【自动】：通过该选项自动调整曲线。
- 【重置】：通过该按钮对已修改参数进行还原设置，会把所有参数还原到未修改前的数值。

> **提示和小技巧**
>
> "S 形"曲线可以降低暗部的亮度值，增加亮部的输出亮度，从而增大图像的明暗对比度。

9.2.3 色相/饱和度

通过【色相/饱和度】效果对图像进行色彩调节，如图 9-11 所示。

执行【效果】>【颜色校正】>【色相/饱和度】菜单命令，在【效果控件】面板中展开效果参数，如图 9-12 所示。

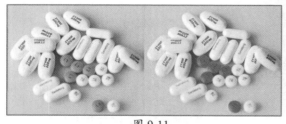

图 9-11

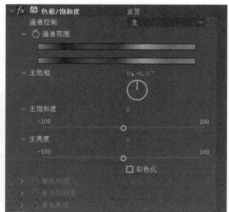

图 9-12

※ 属性详解

【着色色相】、【着色饱和度】和【着色亮度】这三个选项需要先勾选【彩色化】复选框后才可以进行调节。【彩色化】选项可以为转换为 RGB 图像的灰度图像添加颜色，或为 RGB 图像添加颜色。

- 【通道控制】：共有主、红色、黄色、绿色、青色、蓝色和洋红七种可选通道，可以通过【通道范围】选项查看受效果影响的颜色范围。

- 【通道范围】：可以对图像的颜色进行最大限度的自主选择，显示通道受到效果影响的范围。
- 【主色相】：调节图像的颜色，并根据数值进行详细调整。
- 【主饱和度】：调节图像的整体饱和度，调整区间为-100～100。当主饱和度为-100时，图像变为黑白图像。
- 【主亮度】：调节图像的整体亮度，调整区间为-100～100。
- 【着色色相】：自主选择所需要的单一色相进行调整。
- 【着色饱和度】：对所选色相的饱和度进行调整，调整区间为0～100。
- 【着色亮度】：对所选色相的亮度进行调整，调整区间为-100～100。
- 【重置】：可以对已修改参数进行还原设置，会把所有参数还原到未修改前的数值。

9.2.4　精通快速调色与遮罩

素材文件： 案例文件\第 09 章\9.2.4\素材\ts03.mov。
案例文件： 案例文件\第 09 章\9.2.4\精通快速调色与遮罩.aep。
视频教学： 视频教学\第 09 章\9.2.4 精通快速调色与遮罩.mp4。
精通目的： 掌握利用遮罩快速调色的技巧。

操作步骤

① 在 After Effects 软件中，打开项目"案例文件\第 09 章\9.2.4\精通快速调色与遮罩.aep"案例文件，如图 9-13 所示。

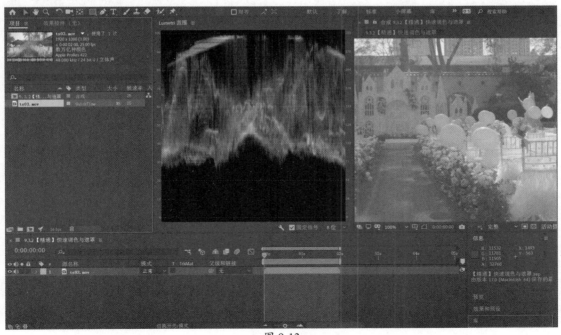

图 9-13

② 在【时间轴】面板中选择"ts03.mov"视频文件，按快捷键【Ctrl+C】进行复制，按快捷键【Ctrl+V】进行粘贴，如图 9-14 所示。

图 9-14

③ 选择最上层的视频文件，使用【钢笔工具】在【合成】面板中对其中一个气球的边缘进行路径描绘，如图 9-15 所示。

图 9-15

④ 打开该图层的下拉属性中的【蒙版】>【蒙版 1】属性，单击鼠标右键，在弹出的快捷菜单中选择【跟踪蒙版】命令，如图 9-16 所示。

图 9-16

⑤ 在【跟踪器】面板中，单击【向前跟踪所选蒙版 1 个帧】按钮，在【合成】面板中对气球的蒙版路径进行逐帧调整，如图 9-17 所示。

⑥ 执行【效果】>【颜色校正】>【色相/饱和度】菜单命令，如图 9-18 所示。

图 9-17

⑦ 在【效果控件】面板中打开【色相/饱和度】面板，勾选【彩色化】复选框，设置【着色色相】为"0x -20.0°"，如图 9-19 所示。

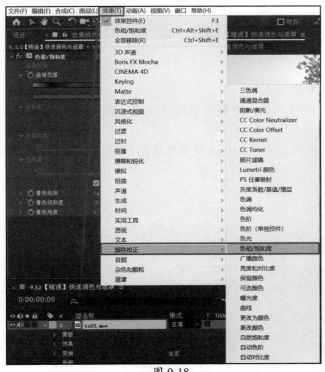

图 9-18

图 9-19

⑧ 本案例制作完毕，按【空格】键，可以预览最终效果，如图 9-20 所示。

图 9-20

9.2.5 亮度和对比度

通过【亮度和对比度】效果可以对图像的亮度和对比度进行调节。其中亮度指图像的明亮程度，对比度则是图像中黑色与白色的分布比值，即颜色的层次变化。对比度值越大，表示层次变化越多，色彩表现就越丰富。通过【亮度和对比度】效果能够同时调整画面的暗部、中间调和亮部区域，但只能针对于单一的颜色通道进行调整，如图 9-21 所示。

图 9-21

※ 属性详解

● 【亮度】：可以修改目标图像的整体亮度。
● 【对比度】：可以修改目标图像的对比度，增加图像的层次感，数值越大，对比度越高。
● 【重置】：可以对已修改参数进行还原设置，会把所有参数还原到未修改前的数值。

9.2.6 颜色平衡

可以通过【颜色平衡】效果控制红、绿、蓝在阴影、中间调和高光部分的比重，来完成图像色彩平衡的调节，如图 9-22 所示。

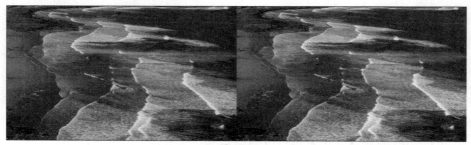

图 9-22

执行【效果】>【颜色校正】>【颜色平衡】菜单命令，在【效果控件】面板中展开效果参数，如图 9-23 所示。

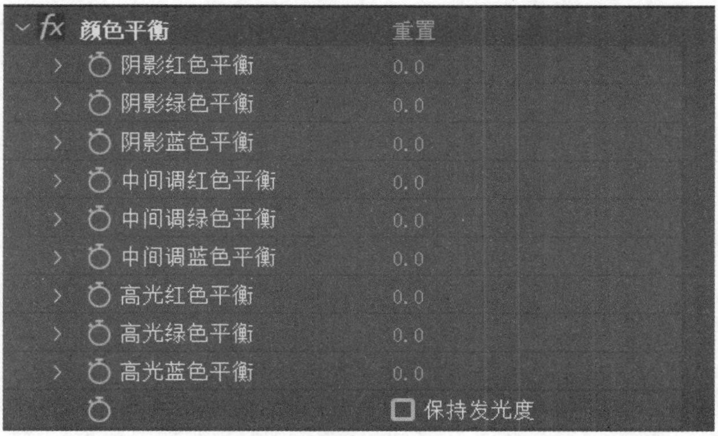

图 9-23

※ 属性详解

● 【阴影红色平衡】：设定阴影区域的红色平衡数值，范围为-100～100。
● 【阴影绿色平衡】：设定阴影区域的绿色平衡数值，范围为-100～100。
● 【阴影蓝色平衡】：设定阴影区域的蓝色平衡数值，范围为-100～100。
● 【中间调红色平衡】：设定中间调区域的红色平衡数值，范围为-100～100。
● 【中间调绿色平衡】：设定中间调区域的绿色平衡数值，范围为-100～100。
● 【中间调蓝色平衡】：设定中间调区域的蓝色平衡数值，范围为-100～100。
● 【高光红色平衡】：设定高光区域的红色平衡数值，范围为-100～100。
● 【高光绿色平衡】：设定高光区域的绿色平衡数值，范围为-100～100。
● 【高光蓝色平衡】：设定高光区域的蓝色平衡数值，范围为-100～100。
● 【保持发光度】：更改是否保持原图像亮度数值。
● 【重置】：可以对已修改参数进行还原设置，会把所有参数还原到未修改前的数值。

9.2.7　精通白平衡与色彩校正

素材文件：案例文件\第 09 章\9.2.7\素材\白平衡与色彩校正.mp4。
案例文件：案例文件\第 09 章\9.2.7\精通白平衡与色彩校正.aep。
视频教学：视频教学\第 09 章\9.2.7 精通白平衡与色彩校正.mp4。
精通目的：掌握调整白平衡进行视频色彩校正的技巧。

操作步骤

① 在 After Effects 软件中，打开项目"案例文件\第 09 章\9.2.7\精通白平衡与色彩校正.aep"案例文件，如图 9-24 所示。

图 9-24

② 执行【窗口】>【Lumetri 范围】菜单命令，打开【Lumetri 范围】面板。在【Lumetri 范围】面板中可以看出视频的蓝色溢出较多，同时红色和绿色高光不统一，下面将进行矫正，如图 9-25 所示。

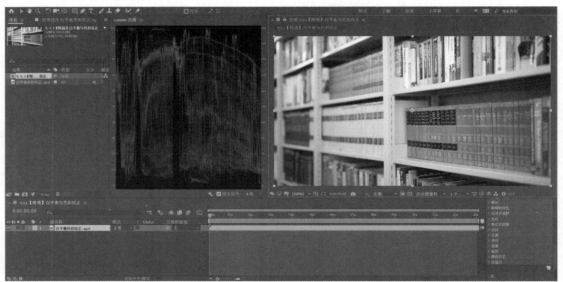

图 9-25

③ 在【时间轴】面板中选择"白平衡色彩校正.mp4"图层，执行【效果】>【颜色校正】>【颜色平衡】菜单命令，如图 9-26 所示。

④ 在【效果控件】面板中设置【高光蓝色平衡】为"-65.0"，【高光绿色平衡】为"10.0"，【高光红色平衡】为"22.0"，此时在【Lumetri 范围】面板中的蓝色溢出减少，同时红色与绿色高光统一，如图 9-27 所示。

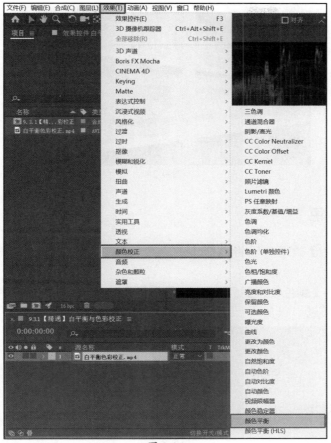

图 9-26

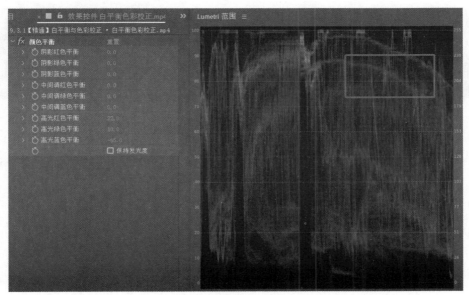

图 9-27

⑤ 本案例制作完毕，如图 9-28 所示。

图 9-28

9.2.8　更改颜色

通过【更改颜色】效果可以将画面中的某个特定颜色置换成另一种颜色，如图 9-29 所示。

执行【效果】>【颜色校正】>【更改颜色】菜单命令，在【效果控件】面板中展开效果参数，如图 9-30 所示。

图 9-29

图 9-30

※ 属性详解

● 【视图】：设置查看图像的方式。【校正的图层】用来观察色彩校正后的效果；【颜色校正蒙版】用来观察蒙版效果，即图像中被改变的区域。

● 【色相变换】：对图像的色相进行调整。

● 【亮度变换】：对图像的亮度进行调整。

● 【饱和度变换】：对图像的饱和度进行调整。

● 【要更改的颜色】：指定要替换的颜色。

● 【匹配容差】：对图像的颜色容差度进行匹配，即指定颜色的相似程度。范围为 0%～100%，数值越大，被更改的区域越大。

● 【匹配柔和度】：对图像的色彩柔和度进行调节，范围为 0%～100%。

● 【匹配颜色】：对颜色匹配模式进行设置，系统提供了 3 种可调节模式。

- 【反转颜色校正蒙版】：对蒙版进行反转，从而反转色彩校正的范围。
- 【重置】：可以对已修改参数进行还原设置，会把所有参数还原到未修改前的数值。

9.2.9　精通快速局部调色

素材文件：案例文件\第 09 章\9.2.9\素材\快速调色.mov。
案例文件：案例文件\第 09 章\9.2.9\精通快速局部调色.aep。
视频教学：视频教学\第 09 章\9.2.9 精通快速局部调色.mp4。
精通目的：掌握利用调整图层快速进行画面局部调色的技巧。

操作步骤

① 在 After Effects 软件中，打开项目"案例文件\第 09 章\9.2.9\精通快速局部调色.aep"案例文件，如图 9-31 所示。

图 9-31

② 执行【图层】>【新建】>【调整图层】菜单命令，如图 9-32 所示。

图 9-32

③ 在【时间轴】面板中选择"调整图层 1"图层，执行【效果】>【颜色校正】>【更改颜色】菜单命令，如图 9-33 所示。

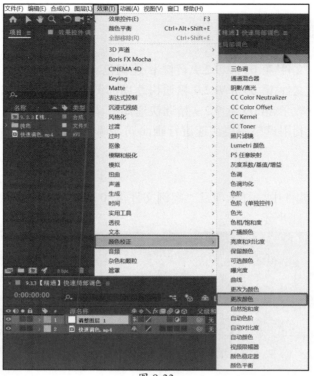

图 9-33

④ 在【效果控件】面板中，单击【要更改的颜色】右侧的【吸管】按钮，随后在【合成】面板中吸取车身中的"橙黄色"区域，如图 9-34 所示。

图 9-34

⑤ 设置【更改颜色】属性中的【色相变换】为"-18.6"，【饱和度变换】为"31.0"，【匹配容差】为"5.0%"，如图 9-35 所示。

图 9-35

⑥ 本案例制作完毕，按【空格】键，可以预览最终效果，如图 9-36 所示。

图 9-36

9.3 Lumetri 颜色效果

9.3.1 认识 Lumetri 颜色

在 After Effects 软件中提供了专业的 Lumetri（简写为 LUT）颜色分级和颜色校正工具，可直接在时间轴上为素材分级。Lumetri 颜色经过 GPU（图形处理器）加速，可实现更高的性能。利用这些工具，我们可以用具有创意的全新方式按序列调整颜色、对比度和光照。编辑和颜色分级可配合工作，可以在编辑和分级任务之间自由移动，而无须导出或启动单独的分级应用程序。

执行【效果】>【颜色校正】>【Lumetri 颜色】菜单命令，在【效果控件】面板中展开效果参数，如图 9-37 所示。

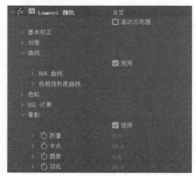

图 9-37

※ 属性详解

● 【RGB 曲线】：可以使用曲线快速调整亮度和色调范围。
● 【色相饱和度曲线】：可以在视频中挑选一种颜色，并调整其色相、饱和度和亮度，还可针对视频的亮度范围或饱和度范围调整饱和度。
● 【色相与饱和度】：可以在选定色相范围内调整像素的饱和度。适合用于提升或降低特定颜色的饱和度。
● 【色相与色相】：可以在选定色相范围内调整像素的色相。适合用于颜色校正。
● 【色相与亮度】：可以在选定色相范围内调整像素的亮度。适合用于强调或淡化色彩。
● 【亮度与饱和度】：可以在选定亮度范围内调整像素的饱和度。适合用于提升或降低亮处或阴影部分的饱和度。
● 【饱和度与饱和度】：可以在选定饱和度范围内调整像素的饱和度。

9.3.2 精通利用 LUT 快速调色

素材文件：案例文件\第 09 章\9.3.2\素材\利用 LUT 快速调色.mp4、lut demo 001.cube、lut demo 002.cube、lut demo 003.cube、lut demo 004.cube。

案例文件：案例文件\第 09 章\9.3.2\精通利用 LUT 快速调色.aep。

视频教学：视频教学\第 09 章\9.3.2 精通利用 LUT 快速调色.mp4。

精通目的：掌握利用 Lumetri 效果命令快速进行画面调色的技巧。

操作步骤

① 在 After Effects 软件中，打开项目"案例文件\第 09 章\9.3.2\精通利用 LUT 快速调色.aep"案例文件，如图 9-38 所示。

② 执行【图层】>【新建】>【调整图层】菜单命令，如图 9-39 所示。

图 9-38

图 9-39

③ 在【时间轴】面板中选择"调整图层 1"图层，执行【效果】>【颜色校正】>【Lumetri 颜色】菜单命令，如图 9-40 所示。

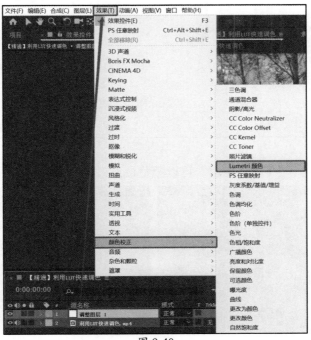

图 9-40

④ 在【效果控件】面板中，选择【Lumetri 颜色】>【创意】>【Look】属性，在【Look】属性右侧的下拉菜单中选择【自定义】命令，如图 9-41 所示。

图 9-41

⑤ 在弹出的【选择 Look 或 LUT】对话框中，选择素材文件中的 "lut demo 001.cube" 文件，单击【打开】按钮，如图 9-42 所示。

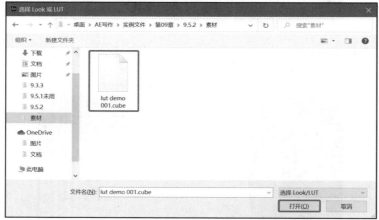

图 9-42

⑥ 本案例制作完毕，按【空格】键，可以预览最终效果，如图 9-43 所示。

图 9-43

图 9-43（续）

9.3.3 精通 Lumetri 赛博朋克风格调色

素材文件：案例文件\第 09 章\9.3.3\素材\赛博朋克风格调色.mp4。

案例文件：案例文件\第 09 章\9.3.3\精通 Lumetri 赛博朋克风格调色.aep。

视频教学：视频教学\第 09 章\9.3.3 精通 Lumetri 赛博朋克风格调色.mp4。

精通目的：掌握利用 Lumetri 效果进行赛博朋克风格的调色技巧。

操作步骤

① 在 After Effects 软件中，打开项目"案例文件\第 09 章\9.3.3\精通 Lumetri 赛博朋克风格调色.aep"案例文件，如图 9-44 所示。

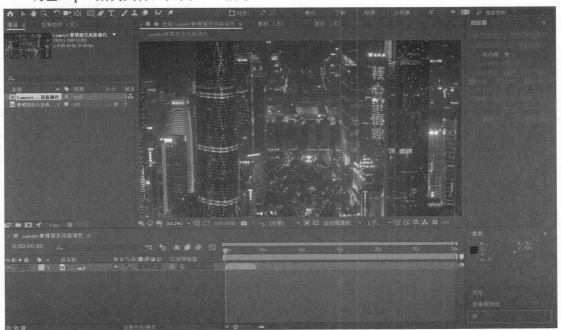

图 9-44

② 执行【图层】>【新建】>【调整图层】菜单命令，如图 9-45 所示。

图 9-45

③ 在【时间轴】面板中选择"调整图层 1"图层，执行【效果】>【颜色校正】>【Lumetri 颜色】菜单命令，如图 9-46 所示。

④ 在【效果控件】面板中，在【白平衡】选项组中设置【色温】为"-150.0"；在【音调】选项组中设置【对比度】为"60.0"，【高光】为"90.0"，【阴影】为"-4.0"，【白色】为"46.0"，【黑色】为"-25.0"，如图 9-47 所示。

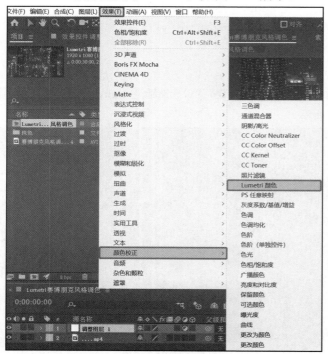

图 9-46　　　　　　　　　　　　　　　　　图 9-47

⑤ 打开【曲线】下拉属性中的【RGB 曲线】，单击【红色】圆形按钮，在【曲线】面板中，用鼠标按住曲线中间向上拖曳；单击【绿色】圆形按钮，在【曲线】面板中，用鼠标按住曲线中间向下拖曳，如图 9-48 所示。

⑥ 打开【曲线】下拉属性中的【色相饱和度曲线】>【色相与色相】，用鼠标将曲线中"红色"与"绿色"部分向上拖曳，如图 9-49 所示。

⑦ 本案例制作完毕，按【空格】键，可以预览最终效果，如图 9-50 所示。

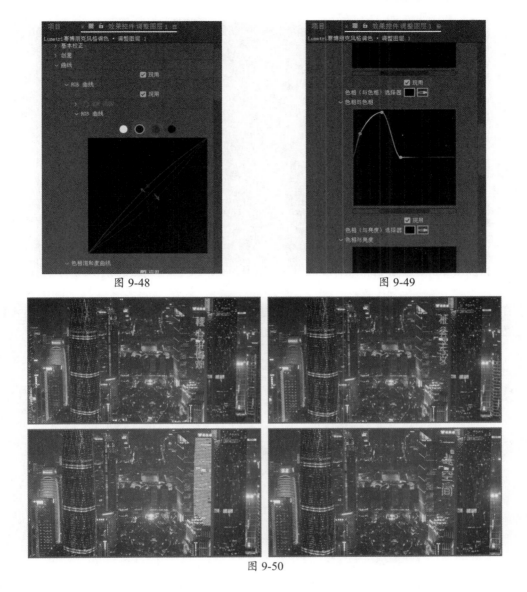

图 9-48   图 9-49

图 9-50

9.3.4 精通镜头调色后的输出与渲染

素材文件：案例文件\第 09 章\9.3.4\素材\镜头调色后的输出与渲染.mp4。

案例文件：案例文件\第 09 章\9.3.4\精通镜头调色后的输出与渲染.aep。

视频教学：视频教学\第 09 章\9.3.4 精通镜头调色后的输出与渲染.mp4。

精通目的：掌握利用 Lumetri 调色后的输出与渲染流程。

操作步骤

① 在 After Effects 软件中，打开项目"案例文件\第 09 章\9.3.4\精通镜头调色后的输出与渲染.aep"案例文件，如图 9-51 所示。

图 9-51

② 在【时间轴】面板中选择"镜头调色后的输出与渲染.mp4"图层，执行【效果】>【颜色校正】>【Lumetri 颜色】菜单命令，如图 9-52 所示。

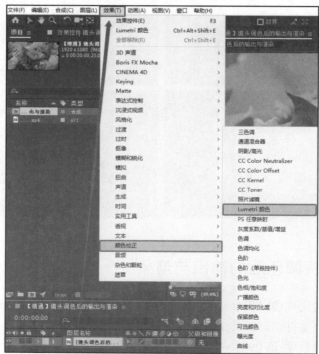

图 9-52

③ 在【效果控件】面板中打开【Lumetri 颜色】>【基本校正】下拉属性，设置【输入 LUT】为"ALEXA_Default_LogC2Rec709"，如图 9-53 所示。

④ 执行【文件】>【项目设置】菜单命令，在弹出的【项目设置】对话框中，打开【颜色】面板，设置【深度】为"每通道 8 位"，【工作空间】为"HDTV（Rec.709）"，完成后单击【确定】按钮，如图 9-54 所示。

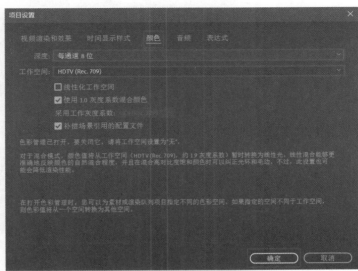

图 9-53　　　　　　　　　　　　图 9-54

⑤　在【项目】面板中选择"【精通】镜头调色后的输出与渲染"合成，执行【文件】>【导出】>【添加到渲染队列】菜单命令，如图 9-55 所示。

⑥　在【渲染队列】面板中，单击【输出模块】右侧的高亮蓝色文字【无损】，在弹出的【输出模块设置】对话框中，设置【格式】为"QuickTime"，如图 9-56 所示。

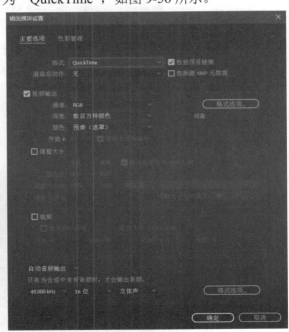

图 9-55　　　　　　　　　　　　图 9-56

⑦　单击【格式选项】按钮，在弹出的【QuickTime 选项】对话框中，设置【视频编解码器】为"Apple ProRes 422"，完成后单击【确定】按钮，如图 9-57 所示。

⑧　在【输出模块设置】对话框中单击【确定】按钮。

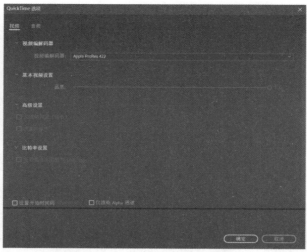

图 9-57

⑨ 再次在【项目】面板中选择"【精通】镜头调色后的输出与渲染"合成，执行【文件】>【导出】>【添加到渲染队列】菜单命令，如图 9-58 所示。

图 9-58

⑩ 单击【输出模块】右侧的蓝色高亮文字【无损】，在弹出的【输出模块设置】对话框中，设置【格式】为"'JPEG'序列"，完成后单击【确定】按钮，如图 9-59 所示。

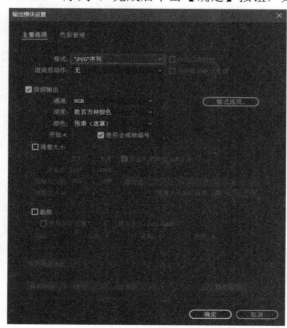

图 9-59

⑪　在【渲染队列】面板中单击【渲染】按钮，并等待渲染完成，如图 9-60 所示。

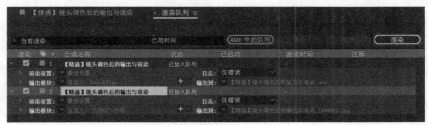

图 9-60

⑫　打开渲染后的文件，可以得到一个"视频文件"与一个"序列文件夹"，如图 9-61 所示。

图 9-61

⑬　本案例制作完成。

9.4　综合实战：清新文艺风格调色实例

素材文件：案例文件\第 09 章\9.4\素材\小清新调色.mp4。
案例文件：案例文件\第 09 章\9.4\综合实战：清新文艺风格调色实例.aep。
视频教学：视频教学\第 09 章\9.4 综合实战：清新文艺风格调色实例.mp4。
精通目的：掌握小清新风格的调色技巧。

操作步骤

①　在 After Effects 软件中，打开项目"案例文件\第 09 章\9.4\综合实战：清新文艺风格调色实例.aep"文件，如图 9-62 所示。
②　执行【图层】>【新建】>【调整图层】菜单命令，如图 9-63 所示。

图 9-62

图 9-63

③ 在【时间轴】面板中选择"调整图层 1"图层，执行【效果】>【颜色校正】>【Lumetri 颜色】菜单命令，如图 9-64 所示。

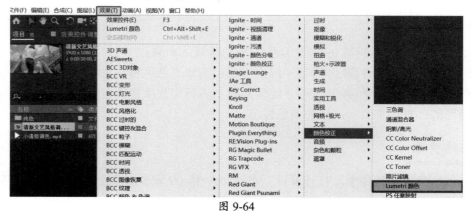

图 9-64

④ 在【效果控件】面板中打开【Lumetri 颜色】>【基本校正】，设置【白平衡】属性中的【色温】为"-25.0"；设置【音调】属性中的【曝光度】为"0.5"，【对比度】为"10.0"，【高光】为"10.0"，【阴影】为"-20.0"，【黑色】为"-10.0"，如图 9-65 所示。

⑤ 打开【创意】>【调整】下拉属性，设置【锐化】为"20.0"，【自然饱和度】为"50.0"，用鼠标按住【高光色调】属性的"中心十字"向左上调整，按住【阴影淡色】属性的"中心十字"向右下调整，设置【色调平衡】为"15.0"，如图 9-66 所示。

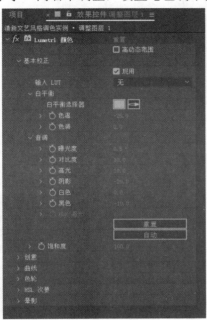

图 9-65　　　　　　　　　　　　　　　　　　　　图 9-66

⑥ 打开【曲线】>【色相饱和度曲线】下拉属性，打开【色相与色相】属性，使用【吸管工具】在【合成】面板中吸取"天空中的蓝色"，调整曲线点，如图 9-67 所示。

图 9-67

⑦ 打开【色相与亮度】属性，使用【吸管工具】在【合成】面板中吸取"人物肤色"，调整曲线点，如图 9-68 所示。

⑧ 打开【色相与饱和度】属性，使用【吸管工具】在【合成】面板中吸取"天空中的蓝色"，调整曲线点，如图 9-69 所示。

图 9-68

⑨ 打开【晕影】下拉属性，设置【数量】为"-2.5"，【中点】为"60.0"，如图 9-70 所示。

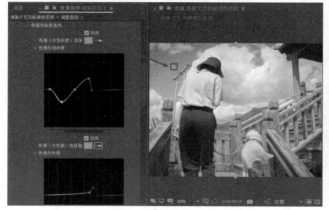

图 9-69

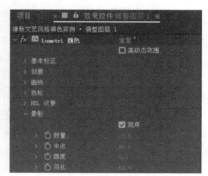

图 9-70

⑩ 本案例制作完毕，按【空格】键，可以预览最终效果，如图 9-71 所示。

图 9-71

CHAPTER 10

跟踪

本章导读

跟踪技巧是影视合成中常用的特效处理技巧。在 After Effects 软件中，具有多种运动跟踪合成处理方法。本章主要就是对跟踪合成技巧的详细讲解。

学习要点

- ☑　After Effects 跟踪概述
- ☑　After Effects 中的跟踪器
- ☑　综合实战：跟踪与合成

10.1 After Effects 跟踪概述

在 After Effects 软件中通过运动跟踪，可以跟踪对象的运动，然后将该运动的跟踪数据应用于另一个对象（例如另一个图层或效果控制点），来创建图像和效果在其中跟随运动的合成。还可以稳定运动，在这种情况下，跟踪数据使被跟踪的图层动态化，以针对该图层中对象的运动进行补偿。可以使用表达式将属性链接到跟踪数据，这开拓了更广泛的用途。

10.2 After Effects 中的跟踪器

在 After Effects 软件中，通过将来自某个帧中的选定区域的图像数据与每个后续帧中的图像数据进行匹配来跟踪运动。可以将同一跟踪数据应用于不同的图层或效果，还可以跟踪同一图层中的多个对象。在【跟踪器】面板中有四种跟踪命令，如【跟踪摄像机】、【变形稳定器】、【跟踪运动】和【稳定运动】。可以执行【窗口】>【跟踪器】菜单命令，即可打开跟踪器面板，如图 10-1 所示。

图 10-1

10.2.1 跟踪运动

在【时间轴】面板中选择需要进行跟踪的图层，单击【跟踪器】面板中的【跟踪运动】按钮，如图 10-2 所示，即可激活【跟踪运动】命令。可以在【图层】面板中设置跟踪点来指定要跟踪的区域。每个【跟踪点】包含一个【特性区域】、一个【搜索区域】和一个【附加点】。一个跟踪点集就是一个跟踪器，如图 10-3 所示。

图 10-2   图 10-3

提示和小技巧

在 After Effects 软件使用一个【跟踪点】来跟踪位置，使用两个【跟踪点】来跟踪缩放和旋转，使用四个【跟踪点】来执行使用边角定位的跟踪。

※ 属性详解

● 【特性区域】：特性区域定义图层中要跟踪的元素。特性区域应当围绕一个与众不同的可视元素，最好是现实世界中的一个对象。不管光照、背景和角度如何变化，After Effects 软件在整个跟踪持续期间都必须能够清晰地识别被跟踪特性。

● 【搜索区域】：搜索区域定义 After Effects 软件为查找跟踪特性而要搜索的区域。被跟踪特性只须要在搜索区域内与众不同，不需要在整个帧内与众不同。将搜索限制到较小的搜索区域可以节省搜索时间并使搜索过程更为轻松，但存在的风险是所跟踪的特性可能完全不在帧之间的搜索区域内。

● 【附加点】：附加点指定目标的附加位置（图层或效果控制点），以便与跟踪图层中的运动特性进行同步。

提示和小技巧

当开始跟踪时，After Effects 软件在【合成】与【图层】面板中将运动源图层的【品质】设置为"最佳"并将【解析率】设置为"完全"，这将使得被跟踪特性更容易发现和启用子像素处理和定位。

● 【运动源】：包含要跟踪的运动的图层。

提示和小技巧

如果图层具有可以包含运动的源素材项目或者图层是合成图层，则图层将显示在【运动源】菜单中。可以对图层进行预合成以使其显示在【运动源】菜单中。

● 【当前跟踪】：活动跟踪器。随时可以从此菜单选择跟踪器来修改跟踪器的设置。

● 【跟踪类型】：要使用的跟踪模式。对于所有这些模式，运动跟踪本身都是相同的；它们的不同之处在于跟踪点的数目以及跟踪数据应用于目标的方式。跟踪类型有以下几种模式。

  ➤ 【稳定】：稳定跟踪位置、旋转和/或缩放以针对被跟踪的（源）图层中的运动进行补偿。当跟踪位置时，此模式将创建一个跟踪点并为源图层生成【锚点】关键帧。当跟踪旋转时，此模式将创建两个跟踪点并为源图层生成【旋转】关键帧。当跟踪缩放时，此模式将创建两个跟踪点并为源图层生成【缩放】关键帧。

  ➤ 【变换】：变换跟踪位置、旋转和/或缩放以应用于另一个图层。当跟踪位置时，此模式在被跟踪图层上创建一个跟踪点并为目标设置【位置】关键帧。当跟踪旋转时，此模式在被跟踪图层上创建两个跟踪点并为目标设置【旋转】关键帧。当跟踪缩放时，此模式将创建两个跟踪点并为目标生成【旋转】关键帧。

  ➤ 【平行边角定位】：平行边角定位跟踪倾斜和旋转，但透视边角定位不对其进行跟踪；平行线将保持平行，并且将保持相对距离。此模式在【图层】面板中使用三个跟踪点（并计算第四个点的位置），并且在一个【边角定位】效果属性组中为四个角点设置关键帧，该效果属性组将被添加到目标。四个附加点将标出四个角点的布置。

> 【透视边角定位】：透视边角定位跟踪被跟踪图层中的倾斜、旋转和透视变化。此模式在【图层】面板中使用四个跟踪点，并且在一个【边角定位】效果属性组中为四个角点设置关键帧，该效果属性组将被添加到目标。四个附加点将标出四个角点的位置。如果将图像附加到正在打开的门或者附加到正在拐弯的公共汽车的侧面，则此选项非常有用。

> 【原始】：使用【原始】选项来生成不会使用【应用】按钮进行应用的跟踪数据。

● 【运动目标】：应用跟踪数据的图层或效果控制点。After Effects 软件向目标添加属性和关键帧以移动或稳定目标。单击【编辑目标】按钮可更改目标。如果将【跟踪类型】设置为"原始"，则没有目标与跟踪器相关联。

● 【分析】按钮：对源素材中的跟踪点进行帧到帧的分析：

> 【向后分析 1 个帧】◀Ⅱ：通过返回到上一帧来分析当前帧。

> 【向后分析】◀：从当前时间指示器向后分析到已修剪图层持续时间的开始。

> 【向前分析】▶：从当前时间指示器分析到已修剪图层持续时间的末端。

> 【向前分析 1 个帧】Ⅱ▶：通过前进到下一帧来分析当前帧。

提示和小技巧

当分析正在进行时，【向后分析】按钮和【向前分析】按钮会变为【停止】按钮，当跟踪漂移或因其他原因失败时，可以使用此按钮停止分析。

在【跟踪器】面板中单击【选项...】按钮，即可打开【动态跟踪器选项】对话框，如图 10-4 所示。

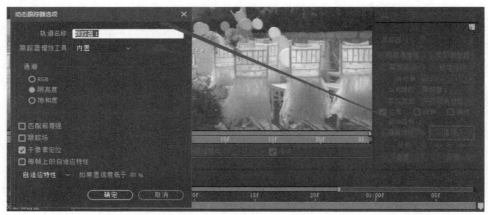

图 10-4

※ **属性详解**

● 【轨道名称】：跟踪器的名称。可以通过在【时间轴】面板中选择某个跟踪器并按【Enter】键来重命名该跟踪器。

● 【跟踪器增效工具】：对该跟踪器执行运动跟踪的增效工具。默认情况下为"内置"。

● 【通道】：在搜索特性区域的匹配项时，用于比较的图像数据的组件。

● 【匹配前增强】：暂时模糊或锐化图像以改善跟踪。模糊可以降低素材中的杂色。

● 【跟踪场】：临时使合成的帧速率加倍并将每个场插入完整的帧中，以跟踪隔行视频的两个场中的运动。

● 【子像素定位】：勾选该复选框后，将根据一小部分像素的精确度生成关键帧。当取消勾选时，跟踪器会将生成的关键帧的值舍入到最近的像素。

● 【每帧上的自适应特性】：使 After Effects 软件适应每个帧的跟踪特性。在每个搜索区域内搜索的图像数据是前一个帧中的特性区域内的数据，而不是在分析开始时特性区域中的图像数据。

● 【如果置信度低于】：在置信度属性值低于指定的百分比值时要执行的操作。

● 【继续跟踪】：可忽略置信度值。此行为是默认行为。

● 【停止跟踪】：可停止运动跟踪。

● 【预测运动】：可估计特性区域的位置。不会为低置信度的帧创建附加点关键帧，并且将从以前的跟踪中删除低置信度帧的附加点关键帧。

● 【自适应特性】：可使用原始的被跟踪特性，直到置信度级别落在指定的阈值之下。

● 【选项】：打开【跟踪器增效工具选项】对话框，其中包括用于 After Effects 软件原始内置跟踪器的选项。只有选择使用较旧的 After Effects 跟踪器增效工具，才能使用该命令。

10.2.2　精通单点跟踪应用

素材文件：案例文件\第 10 章\10.2.2\素材\单点跟踪应用.mp4、text demo.png。
案例文件：案例文件\第 10 章\10.2.2\精通单点跟踪应用.aep。
视频教学：视频教学\第 10 章\10.2.2 精通单点跟踪应用.mp4。
精通目的：掌握使用跟踪器分析运动轨迹并应用于素材的使用技巧。

操作步骤

① 在 After Effects 软件中，打开项目"案例文件\第 10 章\10.2.2\精通单点跟踪应用.aep"案例文件，如图 10-5 所示。

图 10-5

② 在【时间轴】面板中选择"text demo.png"图层，按【S】键，打开【缩放】属性，设置【缩放】为"50.0，50.0%"，如图 10-6 所示。

图 10-6

③ 在【合成】面板中，选中该图层并进行拖曳，使"线条"的左下角指向"热气球"最底
端，如图 10-7 所示。

图 10-7

④ 按【A】键，打开【锚点】属性，设置【锚点】为"0.0，310.0"，如图 10-8 所示。

图 10-8

⑤ 在【时间轴】面板中选择"单点跟踪应用"图层，在【跟踪器】面板中单击【跟踪运动】
按钮，在【合成】面板中，设置跟踪点的位置，如图 10-9 所示。

图 10-9

⑥　在【跟踪器】面板中单击【向前分析】按钮，进行运动轨迹分析，在【图层】面板中可以看到运动轨迹，如图 10-10 所示。

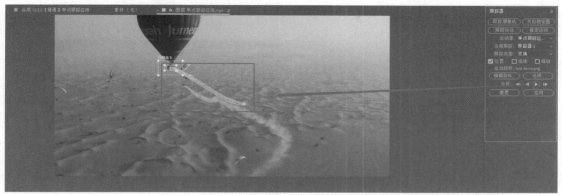

图 10-10

⑦　切换到【合成】面板，在【时间轴】面板中选择"单点跟踪应用"图层，将【当前时间指示器】拖曳到"0：00：00：00"处，打开下拉属性【动态跟踪器】>【跟踪器 1】>【跟踪点 1】，选择【功能中心】属性，按快捷键【Ctrl+C】进行复制，如图 10-11 所示。

图 10-11

⑧　在【时间轴】面板中选择"text demo.png"图层，按【P】键，打开【位置】属性，按快捷键【Ctrl+V】进行粘贴，如图 10-12 所示。

图 10-12

⑨　本案例制作完毕，按【空格】键，可以预览最终效果，如图 10-13 所示。

图 10-13

10.2.3　精通四点追踪应用

素材文件： 案例文件\第 10 章\10.2.3\素材\desktop demo.mp4、bg.mp4。

案例文件： 案例文件\第 10 章\10.2.3\精通四点追踪应用.aep。

视频教学： 视频教学\第 10 章\10.2.3 精通四点追踪应用.mp4。

精通目的： 掌握使用跟踪器对动态视频中的平面类素材进行替换的操作技巧。

操作步骤

① 在 After Effects 软件中，打开项目"案例文件\第 10 章\10.2.3\精通四点追踪应用.aep"案例文件，如图 10-14 所示。

图 10-14

② 在【时间轴】面板中选择"bg.mp4"图层，在【跟踪器】面板中单击【跟踪运动】按钮，设置【跟踪类型】为"透视边角定位"，如图 10-15 所示。

图 10-15

③ 在【图层】面板中设置跟踪点，将四个跟踪点放置于显示器的四个角，适当缩小【特性区域】，适当加大【搜索区域】，如图 10-16 所示。

图 10-16

④ 在【跟踪器】面板中，单击【向前分析】按钮，待分析完成后单击【应用】按钮，如图 10-17 所示。

⑤ 在【时间轴】面板中显示"desktop demo.mp4"图层，此时该图层下拉属性中增加了【边角定位】属性，如图 10-18 所示。

图 10-17

图 10-18

⑥ 本案例制作完毕，按【空格】键，可以预览最终效果，如图 10-19 所示。

图 10-19

10.2.4　稳定运动

　　【跟踪运动】和【稳定运动】本质上是相同的过程，只是具有不同的目标和结果。使用【跟踪运动】可以跟踪运动并将结果应用于不同的图层或效果控制点。使用【稳定运动】可以进行跟踪运动并将结果应用于被跟踪图层并对该运动进行补偿。

　　要稳定某个图层，After Effects 软件将跟踪该图层中在帧中静止的某个特性的运动，然后使用跟踪数据设置关键帧来执行相反的运动。可以进行稳定以消除在【位置】、【旋转】和【缩放】方面更改的任何组合，同时使想要的运动不受影响。

　　当在【跟踪器】面板中选择【旋转】或【缩放】时，实际上在【图层】面板中设置了两个跟踪点。一条直线将连接附加点；一个箭头将从第一个附加点（基点）指向第二个附加点。如果可能，要将特性区域放置在同一个对象的两个相对的面上，或者至少将其放置与摄像机距离相同的对象上。距离特性区域越远，计算越准确并且结果越好。

　　After Effects 软件通过度量附加点之间直线的角度变化来计算旋转。当将跟踪数据应用于目标时，软件会为【旋转】属性创建关键帧。

　　After Effects 软件通过将每个帧上的附加点之间的距离与开始帧上的附加点之间的距离进行比较来计算缩放。当将跟踪数据应用于目标时，软件会为【缩放】属性创建关键帧。

　　当使用平行或透视边角定位跟踪运动时，After Effects 软件会对图层应用可实现边角定位效果的关键帧以便根据需要缩放和倾斜目标图层，从而适合由特性区域定义的四边区域。

10.2.5　跟踪摄像机

　　在 After Effects 软件中，3D 摄像机跟踪器效果对视频序列进行分析以提取摄像机运动和3D 场景数据。3D 摄像机运动允许基于 2D 素材正确合成 3D 元素。可以在【跟踪器】面板中，单击【跟踪摄像机】按钮，此时将应用 3D 摄像机跟踪器效果。分析和解析阶段是在后台进行的，其状态显示为素材上的一个横幅，如图 10-20 所示。

图 10-20

此时在【效果控件】面板中会出现【3D 摄像机跟踪器】效果，单击【分析】按钮即可进行进一步操作，如图 10-21 所示。

图 10-21

※ 属性详解

- 【分析/取消】：开始或停止素材的后台分析。在分析期间，状态显示为素材上的一个横幅并且位于"取消"按钮旁。
- 【拍摄类型】：指定以固定的水平视角、可变缩放还是以特定的水平视角来捕捉素材。更改此设置需要解析。
- 【水平视角】：指定解析器使用的水平视角。仅当拍摄类型设置为指定视角时才启用。
- 【显示轨迹点】：将检测到的特性显示为带透视提示的 3D 点（已解析的 3D）或由特性跟踪捕捉的 2D 点（2D 源）。
- 【渲染跟踪点】：控制跟踪点是否渲染为效果的一部分。

提示和小技巧

当选中了效果时，始终会显示轨迹点，即使没有选择渲染跟踪点。当启用时，点将显示在图像中，以便在预览期间可以看到它们。

- 【跟踪点大小】：更改跟踪点的显示大小。
- 【创建摄像机】：创建 3D 摄像机。在创建文本、纯色或空图层时，会自动添加一个摄像机。
- 【高级】：用于 3D 摄像机跟踪器效果的高级控件。
- 【解决方法】：提供有关场景的提示以帮助解析摄像机。通过尝试以下方法来解析摄像机。

- ➢ 【自动检测】：自动检测场景类型。
- ➢ 【典型】：将场景指定为纯旋转场景或最平场景之外的场景。
- ➢ 【最平场景】：将场景指定为最平场景。
- ➢ 【三脚架全景】：将场景指定为纯旋转场景。
- ● 【采用的方法】：当解决方法设置为自动检测时，将显示所使用的实际解决方法。
- ● 【平均误差】：显示原始 2D 原点与 3D 已解析点在源素材的 2D 平面上的重新投射之间的平均差异（以像素为单位）。
- ● 【详细分析】：当选中时，会让下一个分析阶段执行额外的工作，查找要跟踪的元素。勾选该复选框时，生成的数据（作为效果的一部分存储在项目中）会更大且速度更慢。
- ● 【跨时间自动删除点】：勾选该复选框时，当在【合成】面板中删除跟踪点时，相应的跟踪点（即，同一特性/对象上的跟踪点）将在其他时间在图层上予以删除。不需要逐帧删除跟踪点来提高跟踪质量。
- ● 【隐藏警告横幅】：即使警告横幅指示需要重新分析素材，也不希望重新分析时，可以勾选该复选框。

10.2.6　精通合成立体文字到实拍场景

素材文件：案例文件\第 10 章\10.2.6\素材\bg.mp4。
案例文件：案例文件\第 10 章\10.2.6\精通合成立体文字到实拍场景.aep。
视频教学：视频教学\第 10 章\10.2.6 精通合成立体文字到实拍场景.mp4。
精通目的：掌握使用摄像机跟踪器将合成立体文字应用于场景的操作技巧。

操作步骤

① 在 After Effects 软件中，打开项目"案例文件\第 10 章\10.2.6\精通合成立体文字到实拍场景.aep"案例文件，如图 10-22 所示。

图 10-22

② 在【时间轴】面板中选择"bg.mp4"图层，在【跟踪器】面板中单击【跟踪摄像机】按钮，此时会给该图层添加【3D 摄像机跟踪器】效果，并进行后台分析，如图 10-23 所示。

图 10-23

③ 在【合成】面板中，按住【Ctrl】键的同时单击草地上的三个点，如图 10-24 所示。

图 10-24

④ 在"红色标靶"处单击鼠标右键，在弹出的快捷菜单中选择【设置地平面和原点】命令，如图 10-25 所示。

⑤ 单击鼠标右键，在弹出的快捷菜单中选择【创建文本和摄像机】命令，如图 10-26 所示。

图 10-25

图 10-26

⑥ 在【时间轴】面板中双击"文本"图层，在文本框输入"开发区科技园"，在【字符】
面板中设置【字体】为"黑体"，【字体大小】为"20 像素"，【设置基线偏移】为"11
像素"，【填充颜色】为"R：92，G：145，B：246"，如图 10-27 所示。

图 10-27

⑦ 按【A】键，设置【锚点】为"0.0，-8.0，0.0"，如图 10-28 所示。

图 10-28

⑧ 按【AA】键，打开下拉属性【几何选项】属性和【材质选项】属性。如果【几何选项】属性为灰色，在【合成】面板中，单击【渲染器】右侧的【当前渲染器】按钮，在弹出的【合成设置】对话框中将【渲染器】设置为"CINEMA 4D"，如图 10-29 所示。

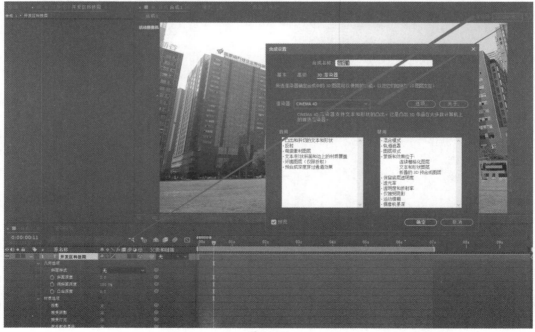

图 10-29

⑨ 设置【凸出深度】为"81.0"，按【R】键，设置【X 轴旋转】为"0x -15.0°"，【Y 轴旋转】为"0x -10.0°"，如图 10-30 所示。

⑩ 按【AA】键，设置【凸出深度】为"10.0"，如图 10-31 所示。

⑪ 执行【图层】>【新建】>【灯光】菜单命令，设置【灯光类型】为"点"，【颜色】为"白色"，【强度】为"100%"，【衰减】为"无"，【阴影深度】为"70%"，【阴影扩散】为"18px"，如图 10-32 所示。

图 10-30

图 10-31

图 10-32

⑫ 在【时间轴】面板中选择"点光 1"图层，按【P】键，设置【位置】为"-17.0，-24.0，-47.0"，如图 10-33 所示。

⑬ 在【时间轴】面板中选择"开发区科技园"图层，设置【几何选项】属性中【斜面样式】为"凸面"，【斜面深度】为"0.3"；设置【材质选项】属性中【镜面强度】为"75%"，【镜面反光度】为"8%"，【金属质感】为"67%"，【反射强度】为"65%"，【反射锐度】为"80%"，如图 10-34 所示。

图 10-33

图 10-34

⑭ 在【时间轴】面板中选择"点光 1"图层，按快捷键【Ctrl+C】进行复制，按快捷键【Ctrl+V】进行粘贴，选择"点光 2"图层，按【P】键，设置【位置】为"222.0，-216.0，162.0"，如图 10-35 所示。

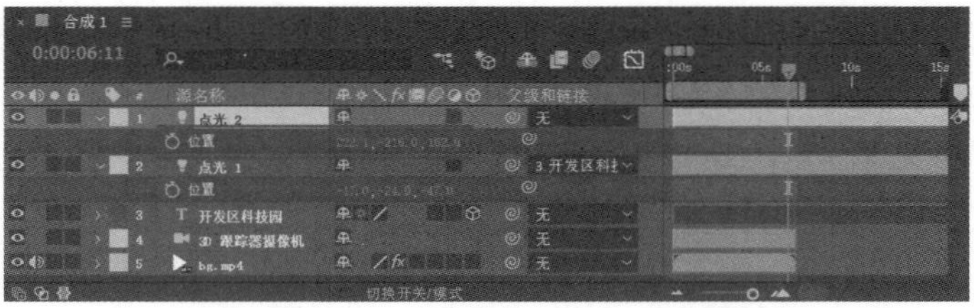

图 10-35

⑮ 本案例制作完毕，按【空格】键，可以预览最终效果，如图 10-36 所示。

图 10-36

10.2.7 变形稳定器

在 After Effects 软件中，可以使用【变形稳定器】效果稳定运动。它可消除因摄像机移动造成的抖动，从而可将摇晃的手持素材转变为稳定、流畅的拍摄内容。可以在【跟踪器】面板，单击【变形稳定器】按钮，将【变形稳定器】效果应用到图层，如图 10-37 所示。

图 10-37

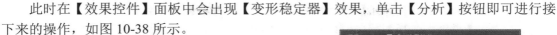

此时在【效果控件】面板中会出现【变形稳定器】效果，单击【分析】按钮即可进行接下来的操作，如图 10-38 所示。

※ 属性详解

● 【分析】：在首次应用变形稳定器时无须
按下该按钮。【分析】按钮将保持为灰
显，直至发生某个更改。

● 【取消】：取消正在进行的分析。在分析
期间，状态信息将显示在【取消】按钮
旁边。

● 【稳定】：用于调整稳定流程。

● 【结果】：控制素材的预期结果。

　　➤ 【平滑运动】：保留原始的摄像机移
动但使其更平滑。当选中时，将启
用"平滑度"来控制摄像机，移动
将变得更平滑。

图 10-38

　　➤ 【无运动】：尝试从拍摄中消除所有
摄像机运动。当选中时，【高级】属性中的【更少的裁剪 <-> 平滑更多】属性
将被禁用。当素材中至少有主体的一个部分保留在要分析的整个范围的帧内
时，可将此设置用于素材。

● 【平滑度】：选择对摄像机最初运动的稳定程度。较低的值将更接近摄像机的原始运
动，而较高的值将使摄像机的运动更加平滑。高于 100% 的值需要对图像进行更多
裁切。当【结果】设置为【平滑运动】时启用。

● 【方法】：指定变形稳定器对素材执行的最复杂的稳定操作：

　　➤ 【位置】：跟踪仅基于位置数据，是可以用来稳定素材的最基本的方法。

　　➤ 【位置、缩放及旋转】：稳定基于位置、缩放和旋转数据。如果没有足够的区域
进行跟踪，则【稳定变形器】将选择前一个类型（位置）。

　　➤ 【透视】：一种可以有效地对整个帧进行边角定位的稳定类型。如果没有足够的
区域进行跟踪，则【稳定变形器】将选择前一个类型（位置、缩放、旋转）。

　　➤ 【子空间变形】：尝试以不同的方式稳定帧的各个部分来稳定整个帧。如果没有
足够的区域进行跟踪，则【稳定变形器】将选择前一个类型（透视）。

提示和小技巧

　　在某些情况下，【子空间变形】可能会引入不想要的变形，【透视】可能会引入不想要的梯形失真。
可以通过选择一种较简单的方法来防止畸形。

● 【保持缩放】：阻止变形稳定器尝试通过缩放调整来调整向前和向后的摄像机运动。

● 【边界】：边界设置调整为被稳定的素材处理边界（移动的边缘）的方式。

● 【取景】：控制如何在稳定的结果中显示边缘。【取景】可以设置为下列项之一：

　　➤ 【仅稳定】：显示整个帧，包括移动的边缘。"仅稳定"显示将做多少工作来稳
定图像。使用【仅稳定】允许使用其他方法对素材进行裁切。当选中时，【自

动缩放】部分和【更少的裁剪 <-> 平滑更多】属性会被禁用。

> 【稳定、裁切】：裁切移动的边缘且不缩放。【稳定、裁切】等同于使用【稳定、裁切、自动缩放】且将【最大缩放】设置为"100%"。启用此选项时，【自动缩放】部分将被禁用，但【更少的裁剪 <-> 平滑更多】属性会启用。

> 【稳定、裁切、自动缩放】：裁切移动的边缘并放大图像以重新填充帧。自动缩放是由【自动缩放】部分中的各个属性控制的。

> 【稳定、人工合成边缘】：使用在时间上靠前和靠后（由【高级】部分中的【合成输入范围】予以控制）的帧中的内容填充由移动的边缘创建的空白空间。使用此选项时，【自动缩放】部分和【更少的裁剪 <-> 平滑更多】属性会被禁用。

● 【自动缩放】：显示当前的自动缩放量，并且允许对自动缩放量设置限值。通过将【取景】设置为"稳定、裁剪、自动缩放"可启用自动缩放。

> 【最大缩放】：限制为进行稳定而将剪辑放大的最大量。

> 【动作安全边距】：当为非零值时，指定围绕在图像边缘的不希望其可见的一个边框。因此，自动缩放不会对其进行填充。

● 【其他缩放】：在【变换】下使用【缩放】属性相同的结果放大剪辑，但是避免对图像进行额外的重新取样。

● 【详细分析】：当设置为打开时，将在下一个分析阶段完成更多工作以查找要跟踪的元素。勾选该复选框时，生成的数据（作为效果的一部分存储在项目中）会更大且速度更慢。

● 【果冻效应波纹】：稳定器自动移除与稳定的果冻效应素材相关的波动。默认设置为【自动减小】。如果素材包含较大的波纹，使用【增强减小】。要使用任一方法，将【方法】设置为【子空间变形】或【透视】。

● 【更少的裁剪 <-> 平滑更多】：在裁剪时，随着裁剪矩形在稳定图像上方的移动，在裁剪矩形的平滑度和缩放比例之间进行更好的权衡。值较低时更平滑，但可以看到更多的图像部分。为 100% 时，结果与使用【仅稳定】选项进行手动裁切相同。

● 【合成输入范围(秒)】：用于【稳定、人工合成边缘】取景，控制合成过程在时间上向前或向后移动多远，以填充任何缺失的像素。

● 【合成边缘羽化】：选择对合成块进行羽化的量。只有当使用【稳定、人工合成边缘】取景时才会启用。使用羽化控件对边缘上合成的像素与原始帧连接处进行平滑。

● 【合成边缘裁剪】：当使用【稳定、人工合成边缘】取景选项时，在帧与其他帧结合之前剪掉该帧的边缘。使用裁剪控件裁掉在模拟视频捕捉中常见的坏边缘或者裁掉低品质光学景象。默认情况下，所有边缘都被设置为零像素。

● 【目标】：确定效果目标，是为稳定、暂时稳定来执行视觉效果任务，还是将图层合成到抖动的场景中。

> 【稳定】：用于普通稳定的默认选项。

> 【可逆稳定和反向稳定】：使用这些选项将效果应用于区域。

> 【向目标应用运动】和【在原始图层上向目标应用运动】：使用这些选项将图层合成到抖动的场景中，以便将稳定后的运动应用到其他图层。

- 【目标图层】：使用【向目标应用运动】或【在原始图层上向目标应用运动】选项，选择要向其应用稳定后的运动的图层。
- 【显示跟踪点】：确定是否显示轨迹点。
- 【跟踪点大小】：确定显示的跟踪点的大小。
- 【跨时间自动删除点】：在合成面板中删除跟踪点时，在同一对象上的相应的跟踪点将在其他时间在图层上予以删除，不需要手动逐帧删除跟踪点。
- 【隐藏警告横幅】：即便出现警告横幅，指示必须重新分析素材，也不想对其进行重新分析，则可以勾选该复选框。

10.2.8　精通利用变形稳定器修正拍摄镜头

素材文件：案例文件\第 10 章\10.2.8\素材\镜头稳定.mp4。
案例文件：案例文件\第 10 章\10.2.8\精通利用变形稳定器修正拍摄镜头.aep。
视频教学：视频教学\第 10 章\10.2.8 精通利用变形稳定器修正拍摄镜头.mp4。
精通目的：掌握使用变形稳定器对抖动的视频类素材进行降抖处理的操作技巧。

操作步骤

① 在 After Effects 软件中，打开项目"案例文件\第 10 章\10.2.8\精通利用变形稳定器修正拍摄镜头.aep"案例文件，如图 10-39 所示。

图 10-39

② 在【时间轴】面板中选择"镜头稳定.mp4"图层，在【跟踪器】面板中单击【变形稳定器】按钮，如图 10-40 所示。

③ 待分析完成后，即可完成本案例。

图 10-40

10.3　综合实战：跟踪与合成

素材文件： 案例文件\第 10 章\10.3\素材\led demo.mp4、春熙路 01.mp4。

案例文件： 案例文件\第 10 章\10.3\综合实战：跟踪与合成.aep。

视频教学： 视频教学\第 10 章\10.3 综合实战：跟踪与合成.mp4。

精通目的： 掌握使用跟踪器为动态视频添加局部视频内容以及添加符合视频运动的文字信息的操作技巧。

操作步骤

① 在 After Effects 软件中，打开项目"案例文件\第 10 章\10.3\综合实战：跟踪与合成.aep"案例文件，如图 10-41 所示。

图 10-41

② 在【时间轴】面板中选择"春熙路 01.mp4"图层，打开【跟踪器】面板，单击【跟踪运动】按钮，设置【跟踪类型】为"透视边角定位"，如图 10-42 所示。

图 10-42

③ 在【合成】面板中设置四个【跟踪点】的位置，完成后在【跟踪器】面板中单击【向前
分析】按钮，如图 10-43 所示。

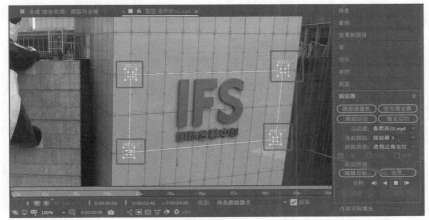

图 10-43

④ 将【项目】面板中的"led demo.mp4"文件拖曳到"综合实战：跟踪与合成"中；在【跟
踪器】面板中单击【编辑目标】按钮，在弹出的【运动目标】对话框中，设置【图层】
为"1.led demo.mp4"，如图 10-44 所示。

图 10-44

⑤ 在【跟踪器】面板中单击【应用】按钮，如图 10-45 所示。
⑥ 在【时间轴】面板中选择"春熙路 01.mp4"图层，在【跟踪器】面板中单击【跟踪摄
像机】按钮，如图 10-46 所示。

图 10-45

图 10-46

⑦ 待分析完成后，在【合成】面板中，按住鼠标左键创建选区，如图 10-47 所示。

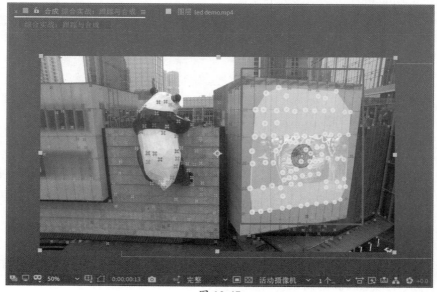

图 10-47

⑧　在"选区"中，单击鼠标右键，在弹出的快捷菜单中选择【设置地平面和原点】命令，如图 10-48 所示。

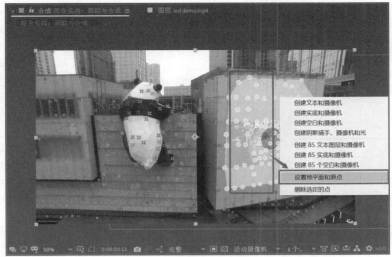

图 10-48

⑨　在"选区"中，单击鼠标右键，在弹出的快捷菜单中选择【创建文本和摄像机】命令，如图 10-49 所示。

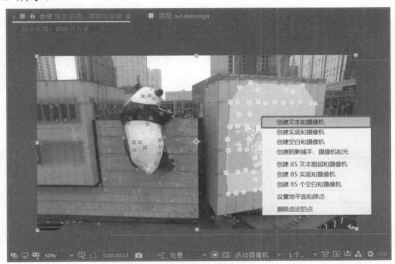

图 10-49

⑩　在【时间轴】面板中双击"文本"图层，输入"IFS 国际金融中心"，如图 10-50 所示。

⑪　选择"IFS"字符，在【字符】面板中设置【字体】为"华文琥珀"，【字体大小】为"110 像素"，【填充颜色】为"R：118，G：118，B：118"，【基线偏移】为"-25 像素"，【所选字符的字符间距】为"-30"，如图 10-51 所示。

⑫　选择"国际金融中心"字符，在【字符】面板中设置【字体】为"华文琥珀"，【字体大小】为"45 像素"，【填充颜色】为"R：118，G：118，B：118"，【基线偏移】为"4 像素"，如图 10-52 所示。

图 10-50

图 10-51

图 10-52

⑬ 在【时间轴】面板中选择文本图层，设置【位置】为"-16.0，413.0，2255.0"，【Z 轴旋转】为"0x-2.5°"，【X 轴旋转】为"0x-3.0°"，如图 10-53 所示。

⑭ 打开文本图层的【几何选项】下拉属性，设置【斜面样式】为"凸面"，【斜面深度】为
"3.0"，【凸出深度】为"3.0"，如图 10-54 所示。

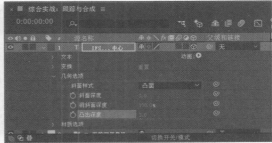

图 10-53   图 10-54

⑮ 执行【图层】>【新建】>【灯光】菜单命令，在弹出的【灯光设置】对话框中，设置【灯
光类型】为"点"，单击【确定】按钮；在【时间轴】面板中设置"点光 1"的【位置】
为"-2000.0，-1000.0，2015.0"，如图 10-55 所示。

⑯ 在【时间轴】面板中设置"点光 1"图层的【父级和链接】为"3D 跟踪器摄像机"，如
图 10-56 所示。

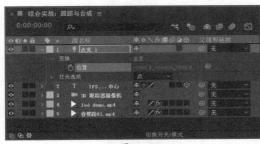
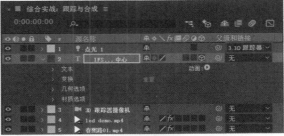

图 10-55   图 10-56

⑰ 打开文本图层的【材质选项】下拉属性，设置【环境】为"81%"，【镜面反光度】为"42%"，
【金属质感】为"78%"，【反射衰减】为"54%"，如图 10-57 所示。

图 10-57

⑱ 本案例制作完毕，按【空格】键，可以预览最终效果，如图 10-58 所示。

图 10-58

商业案例

本章导读

本章通过三个综合案例来讲解After Effects软件在实际工作中的应用。本章涉及素材合成、关键帧动画、色彩调整、合成特效和文本图形等内容，是对前面所学知识的一个综合应用。

学习要点

- ☑ 清新 MG 动画案例
- ☑ 栏目包装案例
- ☑ 广告镜头合成案例

11.1 清新 MG 动画案例

素材文件：案例文件\第 11 章\11.1\素材\城市.ai、Motion v2、Animation Composer_ 2.1.1 马头人。

案例文件：案例文件\第 11 章\11.1\精通清新 MG 动画.aep。

视频教学：视频教学\第 11 章\11.1 精通清新 MG 动画.mp4。

精通目的：通过案例对 MG 商业动画进行基本了解，并掌握制作技巧。

操作步骤

一、安装脚本与插件

① 打开"案例文件\第 11 章\11.1\素材\Motion v2"文件夹，复制文件夹中的"Motion 2.jsxbin"文件，将其粘贴到"C:\Program Files\Adobe\Adobe After Effects 2020\Support Files\Scripts\ScriptUI Panels"文件夹中，如图 11-1 所示。

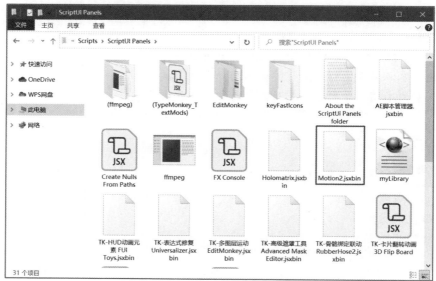

图 11-1

② 打开 After Effects 软件，执行【编辑】>【首选项】>【脚本和表达式】菜单命令，在弹出的【首选项】对话框中，勾选【允许脚本写入文件和访问网络】复选框和【启用 JavaScript 调试器】复选框，完成后单击【确定】按钮，如图 11-2 所示。

③ 重新启动 After Effects 软件，执行【窗口】>【Motion 2.jsxbin】菜单命令，在弹出的【对话框】中勾选【I am rockstar】复选框，随后单击【Agree & Continue】按钮，如图 11-3 所示。

④ 该脚本安装完成，执行【窗口】>【Motion 2.jsxbin】菜单命令即可打开，如图 11-4 所示。

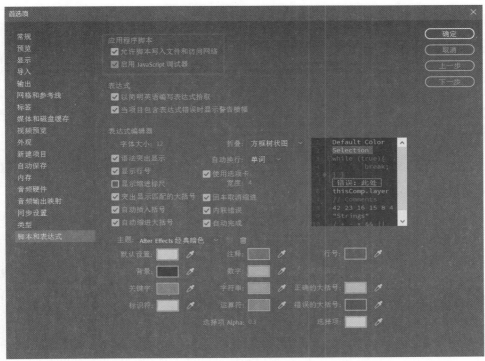

图 11-2

图 11-3

图 11-4

⑤ 安装"马头人"插件，此时保持 After Effects 软件处于关闭状态。打开"实例文件\第 11
　 章\11.1\素材\Animation Composer_2.1.1 马头人"文件夹，双击"Animation Composer
　 Installer_2.1.1"应用程序，在弹出的窗口中单击【Next】按钮，如图 11-5 所示。

⑥ 在下一个窗口中单击【I Accept】按钮，如图 11-6 所示。

⑦ 在下一个窗口中勾选【Adobe After Effects 2020】复选框，单击【Install】按钮，如图 11-7
　 所示。

⑧ 待安装完成后，窗口中出现"Success！"画面，单击【Finish】按钮，如图 11-8 所示。

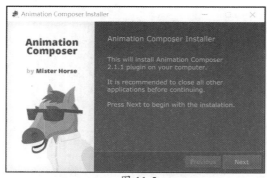

图 11-5

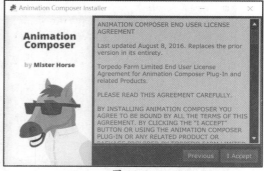

图 11-6

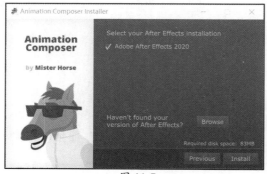

图 11-7

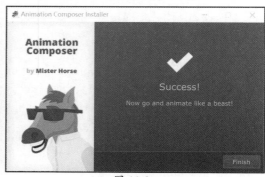

图 11-8

⑨ 打开 After Effects 软件，此时会弹出【Software Update】对话框，该插件将进行更新，单击【Download】按钮即可进行更新，如图 11-9 所示。

⑩ 执行【文件】>【项目设置】菜单命令，在弹出的【项目设置】对话框中选择【表达式】选项卡，设置【表达式引擎】为"旧版 ExtendScript"，单击【确定】按钮，如图 11-10 所示。

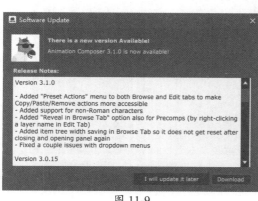

图 11-9

图 11-10

⑪ 该插件安装完成，执行【窗口】>【Animation Composer】菜单命令即可打开，如图 11-11 所示。

二、动画效果制作 1

① 在【项目】面板中导入"实例文件\第 11 章\11.1\素材\城市.ai"文件，在弹出的对话框中设置【导入种类】为"合成"，设置【素材尺寸】为"图层大小"，如图 11-12 所示。

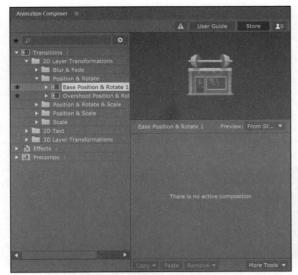

图 11-11

图 11-12

② 在【项目面板】选择"城市"合成，在右键菜单中单击【合成设置】，在弹出的【合成设置】对话框中，设置【预设】为"HDTV 1080 25"，【帧速率】为"25"，【持续时间】为"0：00：10：01"如图 11-13 所示。

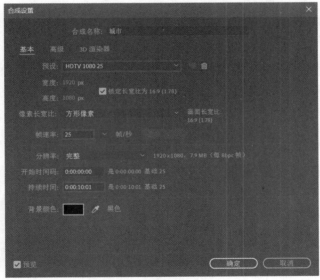

图 11-13

③ 在【时间轴】面板中选择"地面"图层，按【S】键，打开【缩放】属性，取消【约束比例】复选框的勾选，将【当前时间指示器】拖曳到"0：00：01：00"处，激活【缩放】属性的【时间变换秒表】按钮，如图 11-14 所示。

④ 将【当前时间指示器】拖曳到"0：00：00：00"处，设置【缩放】属性为"0.0，100.0%"，如图 11-15 所示。

⑤ 选择这两个【关键帧】，在【Motion 2】面板中单击【EXCITE】按钮，即可添加【弹性】效果，如图 11-16 所示。

图 11-14

图 11-15

图 11-16

⑥ 在【时间轴】面板中选择"城市"图层，在【Motion 2】面板中单击【下侧】按钮，将【锚点】设置到"下侧"，如图 11-17 所示。

图 11-17

⑦ 执行【窗口】>【Animation Composer】菜单命令，打开【Animation Composer】面板，在【Animation Composer】面板中选择【Transitions】>【2D Layer Transformations】>【Position & Scale】>【Overshoot Position & Scale2】>【Bottom】效果，选中并拖曳到【Apply as in】处，如图 11-18 所示。

⑧ 在【时间轴】面板中将"城市"图层的【TR In】拖曳到"0：00：01：00"处，在【效果控件】面板中，设置【AC IN [Q8Y] Position】属性参数为"0.0，0.0"，如图 11-19 所示。

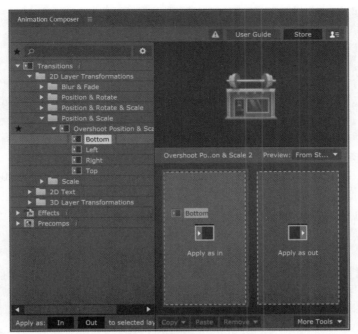

图 11-18

图 11-19

⑨ 在【时间轴】面板中将【当前时间指示器】拖曳到"0：00：01：00"处，选择"山大"
图层，按【P】键，打开【位置】属性，激活【时间变换秒表】按钮，将【当前时间指
示器】拖曳到"0：00：00：00"处，设置【位置】属性参数为"582.9，666.0"如图
11-20 所示。

图 11-20

⑩ 按【S】键，打开【缩放】属性，将【当前时间指示器】拖曳到"0：00：01：00"处，激活【时间变换秒表】按钮，将【当前时间指示器】拖曳到"0：00：00：00"处，设置【缩放】属性参数为"0.0，0.0%"，如图 11-21 所示。

图 11-21

⑪ 按【U】键，将【当前时间指示器】拖曳到"0：00：00：13"处，将【位置】属性的第一个【关键帧】拖曳到【当前时间指示器】处，将【缩放】属性的最后一个【关键帧】拖曳到【当前时间指示器】处，如图 11-22 所示。

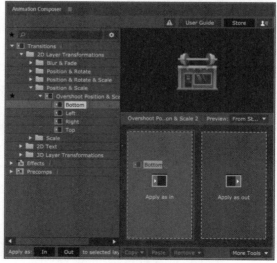

图 11-22

三、动画效果制作 2

① 在【时间轴】面板中选择"楼层"、"门 2"、"门 1"（图中的们 1 应为门 1）、"窗户 2"、"窗户 1"和"屋顶-大"图层，按住【父级关联器】按钮将其拖曳到"楼体"图层，如图 11-23 所示。

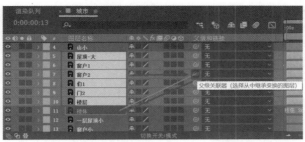

图 11-23

② 在【时间轴】面板中选择"楼体"图层，在【Motion 2】面板中单击【下侧】按钮，将【锚点】设置到"下侧"，如图 11-24 所示。

图 11-24

③ 在【Animation Composer】面板中选择【Transitions】>【2D Layer Transformations】>【Position & Scale】>【Overshoot Position & Scale2】>【Bottom】效果，选中并将其拖曳到【Apply as in】处，如图 11-25 所示。

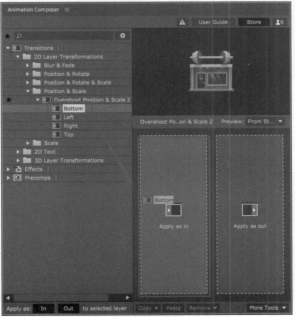

图 11-25

④ 在【时间轴】面板中将"楼体"图层的【TR In】拖曳到"0：00：01：00"处，在【效果控件】面板中，设置【AC IN [Q8Y] Position】属性为"0.0，0.0"，如图 11-26 所示。

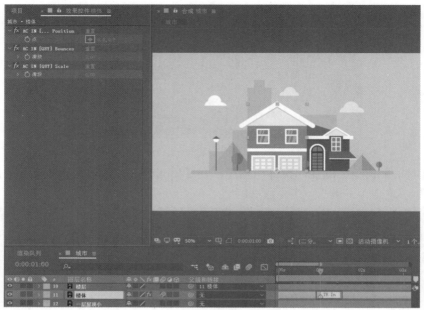

图 11-26

⑤ 在【时间轴】面板中选择"山大"图层，按【U】键，选中【缩放】属性，按快捷键【Ctrl+C】进行复制，选择"山小"图层，按快捷键【Ctrl+V】进行粘贴，如图 11-27 所示。

图 11-27

⑥ 将【当前时间指示器】拖曳到"0：00：01：00"处，激活【位置】属性的【时间变换秒表】按钮，将【当前时间指示器】拖曳到"0：00：00：13"处，设置【位置】属性为"1445.9，666.0"，如图 11-28 所示。

图 11-28

⑦ 在【时间轴】面板中选择"树"图层，在【Motion 2】面板中单击【下侧】按钮，将【锚点】设置到"下侧"，将【当前时间指示器】拖曳到"0：00：01：00"处，按【S】键，

打开【缩放】属性，取消【约束比例】复选框的勾选，激活【时间变换秒表】按钮，将【当前时间指示器】拖曳到"0：00：00：00"处，设置【缩放】属性为"100.0，0.0%"，如图 11-29 所示。

图 11-29

⑧　选择"路灯"图层，重复步骤⑦，如图 11-30 所示。

图 11-30

⑨　选择"云朵"图层，在【Animation Composer】面板中选择【Transitions】>【2D Layer Transformations】>【Blur & Fade】>【Gaussian Blur & Fade Eased 1】效果，选中并将其拖曳到【Apply as in】处，如图 11-31 所示。

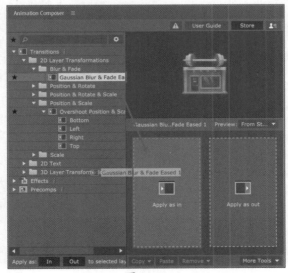

图 11-31

⑩　在【时间轴】面板中将"云朵"图层的【TR In】拖曳到"0：00：01：00"处，如图 11-32 所示。

图 11-32

⑪ 选择"小楼层"图层，在【Motion 2】面板中单击【左侧】按钮，将【锚点】设置到"左侧"，如图 11-33 所示。

图 11-33

⑫ 在【Animation Composer】面板中选择【Transitions】>【2D Layer Transformations】>【Position & Scale】>【Overshoot Position & Scale2】>【Left】效果，选中并将其拖曳到【Apply as in】处，如图 11-34 所示。

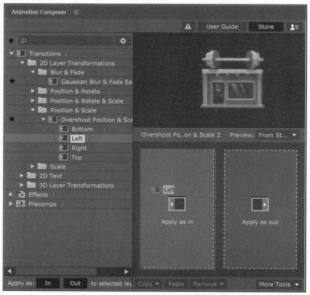

图 11-34

⑬ 在【时间轴】面板中将"小楼层"图层的【TR In】拖曳到"0：00：01：00"处，在【效果控件】面板中设置【AC IN [3PR] Position】属性参数为"0.0，0.0"，如图 11-35 所示。

图 11-35

⑭ 在【时间轴】面板中选择"门小"图层，在【Animation Composer】面板中选择
【Transitions】>【2D Layer Transformations】>【Position & Scale】>【Overshoot Position
& Scale2】>【Top】效果，选中并将其拖曳到【Apply as in】处，将"门小"图层的【TR
In】拖曳到"0：00：01：00"处，在【效果控件】面板中设置【AC IN [UMZ] Position】
属性参数为"0.0，0.0"，如图 11-36 所示。

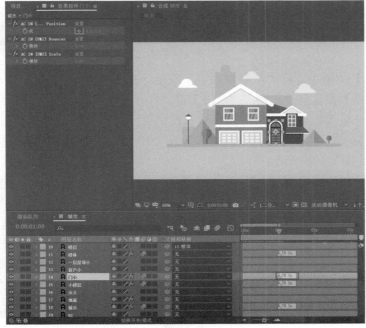

图 11-36

⑮ 在【时间轴】面板中选择"窗户小"图层，在【Animation Composer】面板中选择【Transitions】>【2D Layer Transformations】>【Position & Scale】>【Overshoot Position & Scale2】>【Top】效果，选中并将其拖曳到【Apply as in】处，将"窗户小"图层的【TR In】拖曳到"0：00：01：00"处，在【效果控件】面板中设置【AC IN [UMZ] Position】属性参数为"0.0，-100.0"，如图 11-37 所示。

图 11-37

⑯ 在【时间轴】面板中选择"一层屋顶小"图层，在【Motion 2】面板中单击【左侧】按钮，将【锚点】设置到"左侧"，按【S】键，打开【缩放】属性，将【当前时间指示器】拖曳到"0：00：01：00"处，取消【约束比例】复选框的勾选，激活【时间变换秒表】，将【当前时间指示器】拖曳到"0：00：00：00"处，设置【缩放】属性参数为"0.0，100.0%"，如图 11-38 所示。

图 11-38

四、动画效果制作 3

① 在【时间轴】面板中选择"小楼层"图层，将【当前时间指示器】拖曳到"0：00：01：00"处，按【{】键；选择"一层屋顶小"图层，将【当前时间指示器】拖曳到"0：00：01：05"处，按【{】键；选择"门小"图层和"窗户小"图层，将【当前时间指示器】拖曳到"0：00：01：14"处，按【{】键；选择"城市"图层，将【当前时间指示器】拖曳到"0：00：01：12"处，按【{】键，如图 11-39 所示。

图 11-39

② 在【时间轴】面板中选择"山小"图层，按【U】键，选择【缩放】属性，在【Motion 2】面板中单击【EXCITE】按钮，如图 11-40 所示。

图 11-40

③ 将【位置】属性的第二个【关键帧】向前拖曳到"0：00：00：20"处，按【F9】键，单击【图表编辑器】按钮，调整曲线，如图 11-41 所示。

图 11-41

④ 在【时间轴】面板中选择"树"图层，按【U】键，选择【缩放】属性，在【Motion 2】面板中单击【EXCITE】按钮，将【缩放】属性的第二个【关键帧】向前拖曳到"0：00：00：10"处，如图 11-42 所示。

图 11-42

⑤ 在【时间轴】面板中选择"路灯"图层，重复上一步步骤，如图 11-43 所示。

图 11-43

⑥ 在【时间轴】面板中选择"路灯"图层，将【当前时间指示器】拖曳到"0：00：00:10"处，按【{}】键；选择"云朵"图层，将【当前时间指示器】拖曳到"0：00：00:20"处，按【{}】键，如图 11-44 所示。

图 11-44

⑦ 在【时间轴】面板中选择"山大"图层，按【U】键，选择【缩放】属性，在【Motion 2】面板中单击【EXCITE】按钮，如图 11-45 所示。

图 11-45

⑧ 选择【位置】属性，按【F9】键，单击【图表编辑器】按钮，调整曲线，如图 11-46 所示。

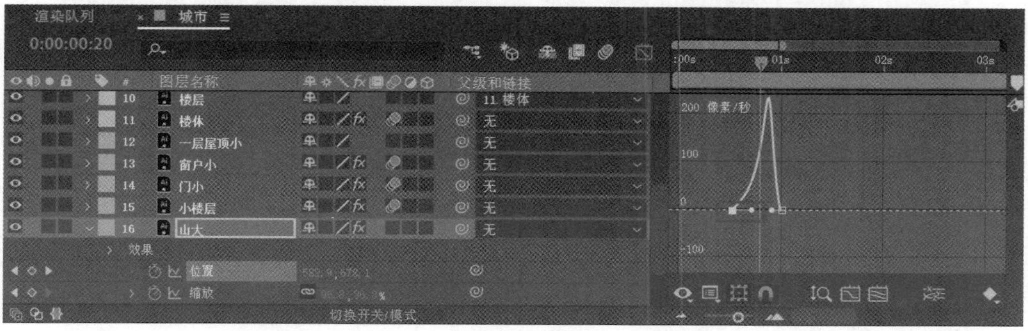

图 11-46

五、合成调整

① 按快捷键【Ctrl+A】选中所有图层，在【时间轴】面板中激活【动态模糊】属性，如图 11-47 所示。

图 11-47

② 将【当前时间指示器】拖曳到"0：00：02：13"处，按【N】键，在【工作区】单击鼠标右键，在弹出的快捷菜单中选择【将合成修剪至工作区域】命令，如图 11-48 所示。

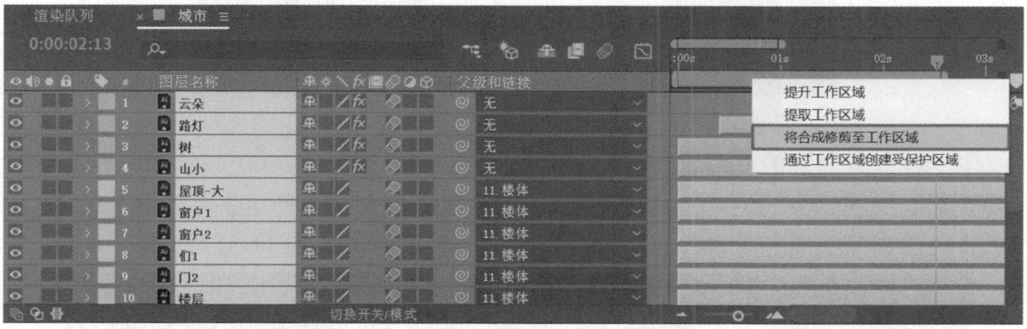

图 11-48

③ 在【项目】面板新建合成，选择默认属性，将"城市"合成拖曳到"合成 1"中，如图 11-49 所示。

④ 在【时间轴】面板中选择"城市"图层，单击鼠标右键，在弹出的快捷菜单中选择【时间】>【启用时间重映射】命令，如图 11-50 所示。

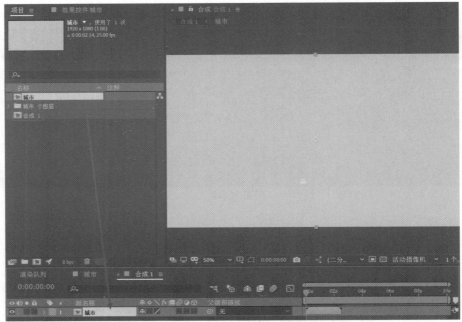

图 11-49

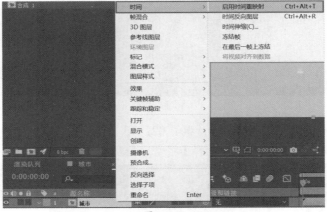

图 11-50

⑤ 按住"城市"图层的左侧工作区，将其拖曳到"0：00：05：00"处，将【当前时间指示器】拖曳到"0：00：05：00"处，按【N】键，在【工作区】单击鼠标右键，在弹出的快捷菜单中选择【将合成修剪至工作区域】命令，如图 11-51 所示。

图 11-51

⑥ 选择【时间重映射】属性的第一个【关键帧】，按快捷键【Ctrl+C】进行复制，再按快捷键【Ctrl+V】进行粘贴，在"0：00：05：00"的位置处将出现一个粘贴后的关键帧，如图 11-52 所示。

图 11-52

⑦ 本案例制作完毕，按【空格】键，可以预览最终效果，如图 11-53 所示。

图 11-53

11.2 栏目包装案例

素材文件：案例文件\第 11 章\11.2\素材\剪影.png、图标.png、1-8.jfif。
案例文件：案例文件\第 11 章\11.2\精通栏目包装.aep。
视频教学：视频教学\第 11 章\11.2 精通栏目包装.mp4。
精通目的：通过案例掌握利用基础命令进行栏目包装的制作技巧。

操作步骤

一、基础调整

① 在 After Effects 软件中，打开项目"案例文件\第 11 章\11.2\精通栏目包装.aep"案例文件，如图 11-54 所示。

图 11-54

② 在【时间轴】面板中选择"8"图层，将【当前时间指示器】拖曳到"00：00：00：03"处，按【{】键，设置该图层的入点，将图层"7"到图层"1"的入点依次增加 3 帧，如图 11-55 所示。

图 11-55

③ 执行【图层】>【新建】>【纯色】菜单命令，在弹出的【纯色设置】对话框中，设置【名称】为"光"，【颜色】为"黑色"，单击【确定】按钮，如图 11-56 所示。

④　在【时间轴】面板中选择"光"图层，执行【效果】>【颜色和颗粒】>【分形杂色】菜单命令，在【效果控件】面板中，设置【分形类型】为"动态渐进"，【杂色类型】为"样条"，【对比度】属性参数设置为"350.0"，【亮度】属性为"-40.0"，【复杂度】属性为"1.0"，如图 11-57 所示。

图 11-56　　　　　　　　　　　　　　　　　图 11-57

⑤　按住【Alt】键的同时单击【演化】属性的【时间变换秒表】按钮，输入表达式："time*200"，如图 11-58 所示。

⑥　在【时间轴】面板中选择"光"图层，执行【效果】>【颜色校正】>【色相/饱和度】菜单命令，在【效果控件】面板中设置【主亮度】属性为"-25"，如图 11-59 所示。

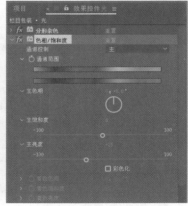

图 11-58　　　　　　　　　　　　　　　　　图 11-59

⑦　执行【效果】>【颜色校正】>【色光】菜单命令，在【效果控件】面板中打开【色光】>【输出循环】下拉属性，设置【使用预设调板】为"火焰"，如图 11-60 所示。

⑧　执行【效果】>【模糊和锐化】>【快速方框模糊】菜单命令，在【效果控件】面板中设置【模糊半径】属性为"150.0"，如图 11-61 所示。

⑨　在【时间轴】面板中选择"光"图层，将【混合模式】设置为"屏幕"，如图 11-62 所示。

⑩　执行【图层】>【新建】>【纯色】菜单命令，在弹出的【纯色设置】对话框中，设置【名称】为"底纹"，【颜色】设置为"R：115，G：131，B：151"，单击【确定】按钮，如图 11-63 所示。

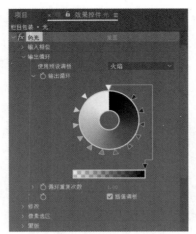

图 11-60

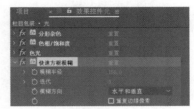

图 11-61

图 11-62

图 11-63

⑪ 将【项目】面板中的"剪影.png"拖曳到【时间轴】面板中,在【合成】面板中将其放置于底侧居中,并等比例缩小,如图 11-64 所示。

图 11-64

⑫ 在【时间轴】面板中选择"剪影.png"图层,将【混合模式】设置为"柔光",按【T】键,设置【不透明度】属性为"30%";将【当前时间指示器】拖曳到"00:00:01:05"处,选择"剪影.png"图层与"底纹"图层,按【{】键,设置入点位置,如图 11-65 所示。

图 11-65

二、制作过渡层

① 执行【图层】>【新建】>【纯色】菜单命令,在弹出的【纯色设置】对话框中,设置【名称】为"过渡 1",【颜色】为"R:76,G:76,B:76",单击【确定】按钮,如图 11-66 所示。

② 在【时间轴】面板中选择"过渡 1"图层,执行【效果】>【透视】>【投影】菜单命令,在【效果控件】面板中设置【方向】属性为"0x-90.0°",【柔和度】属性为"9.0",如图 11-67 所示。

图 11-66

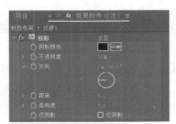

图 11-67

③ 执行【图层】>【新建】>【纯色】菜单命令,在弹出的【纯色设置】对话框中,设置【名称】为"过渡 2",【颜色】为"R:153,G:153,B:153";重复该命令,在弹出的【纯色设置】对话框中,设置【名称】为"过渡 3",【颜色】为"R:240,G:240,B:240",如图 11-68 所示。

④ 在【时间轴】面板中打开"过渡 1"图层的下拉属性,选择【效果】属性,按快捷键【Ctrl+C】进行复制,选择"过渡 2"图层和"过渡 3"图层,按快捷键【Ctrl+V】进行粘贴,如图 11-69 所示。

⑤ 同时选中 3 个过渡图层,在【合成】面板中将其向右侧拖曳并拖至图像以外的区域,如图 11-70 所示。

图 11-68　　　　　　　　　　　　　　　　　图 11-69

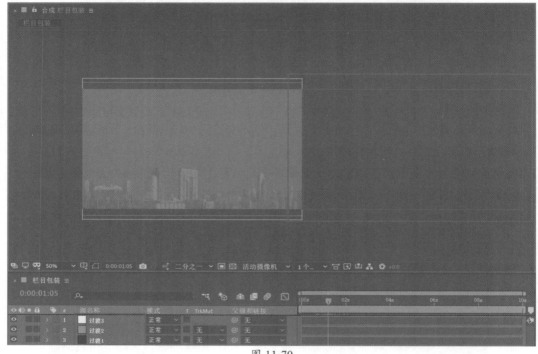

图 11-70

⑥ 在【时间轴】面板中，选中"过渡 1"图层，将【当前时间指示器】拖曳到"0：00：01：00"处，按【P】键，打开【位置】属性，激活【位置】属性的【时间变换秒表】按钮，如图 11-71 所示。

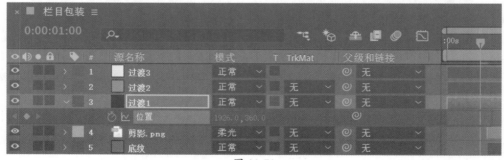

图 11-71

⑦ 将【当前时间指示器】拖曳到"0：00：02：00"处，在【合成】面板中将其向左拖曳，并拖至图像以外的区域，如图 11-72 所示。

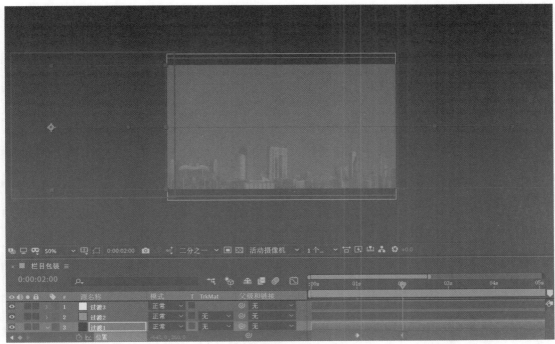

图 11-72

⑧ 在【时间轴】面板中，选中"过渡 2"图层，将【当前时间指示器】拖曳到"0：00：01：04"处，按【P】键，打开【位置】属性，激活【位置】属性的【时间变换秒表】按钮，如图 11-73 所示。

图 11-73

⑨ 将【当前时间指示器】拖曳到"0：00：02：00"处，在【合成】面板中将其向左拖曳，并拖至图像以外的区域，如图 11-74 所示。

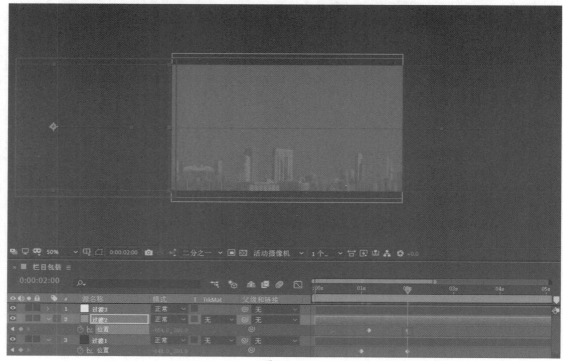

图 11-74

⑩ 在【时间轴】面板中，选中"过渡 3"图层，将【当前时间指示器】拖曳到"0：00：01：05"处，按【P】键，打开【位置】属性，激活【位置】属性的【时间变换秒表】按钮，如图 11-75 所示。

图 11-75

⑪ 将【当前时间指示器】拖曳到"0：00：02：08"处，在【合成】面板中将其向左拖曳，在画面左侧保留一部分区域，如图 11-76 所示。

⑫ 在【工具栏】中选择【矩形工具】，选择"过渡 3"图层，在左侧区域绘制一个矩形蒙版，如图 11-77 所示。

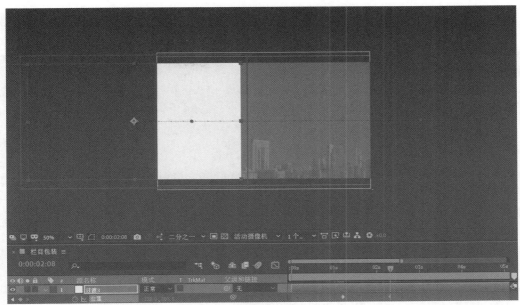

图 11-76

图 11-77

⑬　在【时间轴】面板中打【蒙版】下拉属性，激活【蒙版路径】的【时间变化秒表】按钮，如图 11-78 所示。

图 11-78

⑭ 将【当前时间指示器】拖曳到"00：00：03：00"处，同时选中蒙版右侧的两个锚点向左侧拖曳，如图 11-79 所示。

图 11-79

三、制作文字标题

① 在【工具栏】中选择【横排文字工具】，在【合成】面板中输入"LING GANG"文字，设置【填充颜色】为"白色"，【字体大小】属性为"150 像素"，如图 11-80 所示。

图 11-80

② 在【时间轴】面板中选择"LING GANG"图层，执行【效果】>【透视】>【投影】菜单命令，在【效果控件】面板中，设置【距离】属性为"3.0"，【柔和度】属性为"2.0"，如图11-81所示。

图 11-81

③ 将【当前时间指示器】拖曳到"0：00：01：07"处，按【P】键，激活【位置】属性的【时间变化秒表】按钮，将文字向右侧拖曳，如图11-82所示。

图 11-82

④ 将【当前时间指示器】拖曳到"0：00：02：07"处，将文字向左拖曳，如图11-83所示。

图 11-83

⑤ 在【工具栏】中选择【矩形工具】，在【合成】面板绘制一个蒙版将文字框选住，如图11-84所示。

图 11-84

⑥ 将【当前时间指示器】拖曳到"0：00：01：07"处，打开"LING GANG"图层【蒙版1】的下拉属性，激活【蒙版路径】属性的【时间变换秒表】按钮，并将【蒙版】向左侧拖曳，如图 11-85 所示。

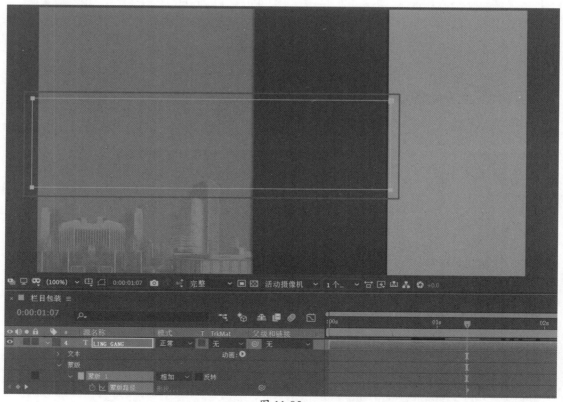

图 11-85

⑦ 将【当前时间指示器】拖曳到"0：00：02：07"处，同时选中蒙版右侧的两个锚点向右侧拖曳，如图 11-86 所示。

图 11-86

⑧　将【当前时间指示器】拖曳到"0：00：03：02"处，按【S】键，打开【缩放】属性，激活【缩放】属性的【时间变化秒表】按钮，将【当前时间指示器】拖曳到"0：00：04：00"处，设置【缩放】属性为"60.0，60.0%"如图 11-87 所示。

图 11-87

⑨　将【当前时间指示器】拖曳到"0：00：03：02"处，按【U】键，给【位置】属性添加一个关键帧，将【当前时间指示器】拖曳到"0：00：04：00"处，将文字向上拖曳，如图 11-88 所示。

图 11-88

⑩ 将【当前时间指示器】拖曳到"0：00：03：02"处，执行【效果】>【生成】>【梯度渐变】菜单命令，在【效果控件】面板中，设置【渐变起点】属性为"180.0，169.0"，【起始颜色】为"R：158：G:162，B:169"，【渐变终点】属性为"180.0，188.0"，激活【与原始图像混合】属性的【时间变化秒表】按钮，设置【与原始图像混合】属性为"100.0%"，将【梯度渐变】效果移至【投影】效果上方，如图 11-89 所示。

图 11-89

⑪ 将【当前时间指示器】拖曳到"0：00：04：00"处，设置【与原始图像混合】属性为"0.0%"，如图 11-90 所示。

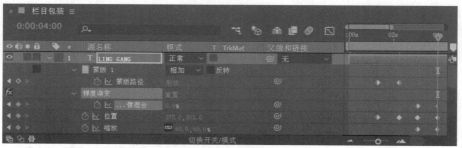

图 11-90

⑫ 在【工具栏】中选择【横排文字工具】，在【合成】面板中输入"DISCOVER"文字，设置【填充颜色】为"白色"，【字体大小】为"90"像素，如图 11-91 所示。

图 11-91

⑬ 在【效果控件】面板在，选择"LING GANG"图层的【投影】效果，按快捷键【Ctrl+C】进行复制，选择"DISCOVER"图层按快捷键【Ctrl+V】进行粘贴，如图 11-92 所示。

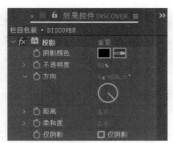

图 11-92

⑭ 将【当前时间指示器】拖曳到"0：00：02：07"处，按【P】键，激活【位置】属性的【时间变化秒表】按钮，将【当前时间指示器】拖曳到"0：00：01：07"处，将文字向左侧拖曳，如图 11-93 所示。

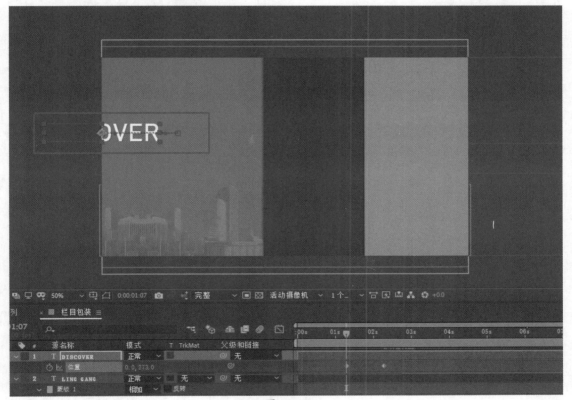

图 11-93

⑮ 将【当前时间指示器】拖曳到"0：00：02：07"处、在【工具栏】中，选择【矩形工具】在文字右侧绘制一个矩形蒙版，如图 11-94 所示。

⑯ 将【当前时间指示器】拖曳到"0：00：01：07"处，打开"DISCOVE"图层【蒙版 1】的下拉属性，激活【蒙版路径】的【时间变化秒表】按钮，将【当前时间指示器】拖曳到"0：00：02：07"处，在【合成】面板中选择蒙版左侧的两个锚点向左侧拖曳，如图 11-95 所示。

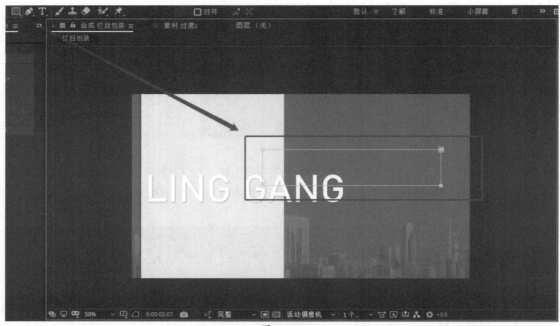

图 11-94

图 11-95

⑰ 将【当前时间指示器】拖曳到"0：00：03：02"处，按【S】键，激活【缩放】的【时间变换秒表】按钮，按【U】键，给【位置】属性添加一个关键帧，如图 11-96 所示。

图 11-96

⑱ 将【当前时间指示器】拖曳到"0：00：04：00"处，设置【缩放】属性为"60.0，60.0%"，并将文字向上拖曳与下侧文字左对齐，如图 11-97 所示。

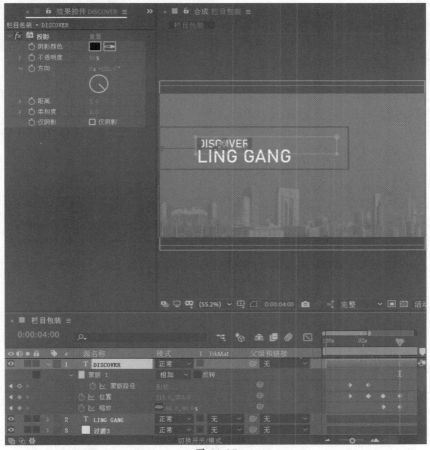

图 11-97

四、制作图形标题

① 将【当前时间指示器】拖曳到"0：00：02：07"处，在【工具栏】中选择【矩形工具】，在【合成】面板中绘制一个细长的矩形，设置【填充】为"白色"，【描边】为"无"，如图 11-98 所示。

图 11-98

② 在【时间轴】面板中选择"形状图层 1",按【S】键,打开【缩放】属性,取消【约束比例】复选框的勾选,设置【缩放】属性为"0.0,100.0%",激活【缩放】属性的【时间变化秒表】按钮,如图 11-99 所示。

图 11-99

③ 将【当前时间指示器】拖曳到"0:00:05:00"处,设置【缩放】属性为"80.0,100.0%",如图 11-100 所示。

图 11-100

④ 将【项目】面板中的"图标.png"文件拖曳到【时间轴】面板中,在【合成】面板中,将其放在合适的位置,如图 11-101 所示。

⑤ 在【时间轴】面板中选中"图标.png"图层,在【工具栏】中选择【矩形工具】,在图标左侧绘制一个矩形蒙版,如图 11-102 所示。

图 11-101

图 11-102

⑥　将【当前时间指示器】拖曳到"0：00：03：10"处，打开"图标.png"图层【蒙版 1】
　　的下拉属性，激活【蒙版路径】的【时间变化秒表】按钮，将【当前时间指示器】拖曳
　　到"0：00：05：00"处，在【合成】面板中，选中蒙版左侧的两个锚点向右拖曳，如
　　图 11-103 所示。

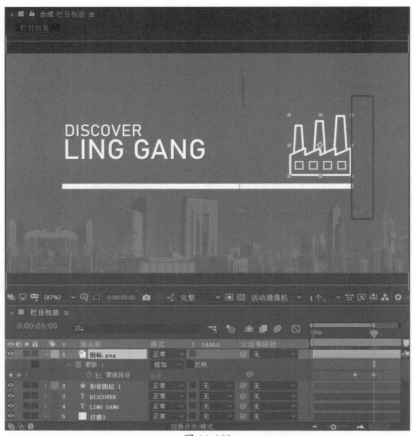

图 11-103

⑦ 本案例制作完毕，按【空格】键，可以预览最终效果，如图 11-104 所示。

图 11-104

11.3 广告镜头合成案例

素材文件： 案例文件\第 11 章\11.3\素材\Ae 全套插件安装包.zip。
案例文件： 案例文件\第 11 章\11.3\精通广告镜头合成.aep。
视频教学： 视频教学\第 11 章\11.3 精通广告镜头合成.mp4。
精通目的： 通过案例掌握利用各种插件进行广告镜头合成的制作技巧。

操作步骤

一、安装插件

① 打开"案例文件\第 11 章\11.3\素材\Ae 全套插件安装包.zip"，双击压缩包中"Ae Plug-ins Suite 19.14.exe"文件，如图 11-105 所示。

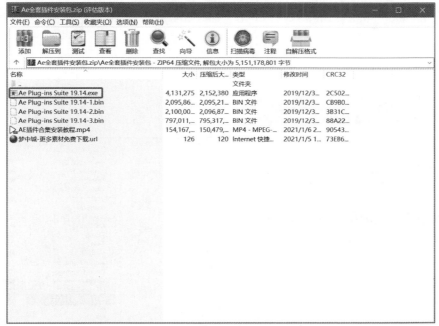

图 11-105

② 待文件解压后打开，在【版本】下拉文本框中选择"Adobe After Effects 2020"，【路径】会自动获取，单击【继续】按钮，如图 11-106 所示。

③ 在【安装模式】下拉文本框中选择"安装模式：自定义安装插件"，在下列插件中勾选【中英双语|Trapcode Suite 动静态粒子特效套装】复选框，单击【继续】按钮，如图 11-107 所示。

④ 此时会弹出【卸载提示】对话框，根据情况选择【删除】或【保留】按钮，如图 11-108 所示。

⑤ 待进度条走完后单击【完成】按钮，插件安装成功，在 After Effects 软件中通过【效果】菜单命令即可打开，如图 11-109 所示。

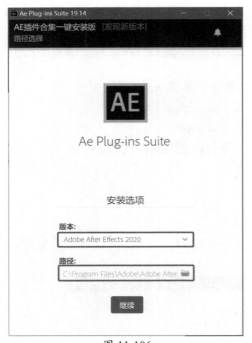

图 11-106

图 11-107

图 11-108

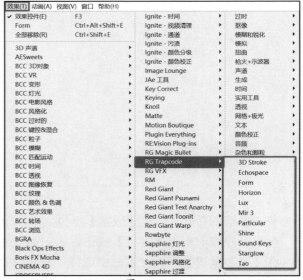

图 11-109

二、制作镜头 1

① 打开 After Effects 软件，在合成面板中单击【新建合成】按钮，在弹出的【合成设置】对话框中，设置【预设】为 "HDV/HDTV 720 25"，单击【确定】按钮，如图 11-110 所示。

② 执行【图层】>【新建】>【纯色】菜单命令，设置【颜色】为"白色"，如图 11-111 所示。

图 11-110　　　　　　　　　　　　　　　　　　　图 11-111

③ 在【工具栏】中选择【椭圆工具】，设置【填充】为"黑色"，【描边】属性为"0"，在
【合成】面板中按住【shift】键的同时绘制一个"正圆"，如图 11-112 所示。

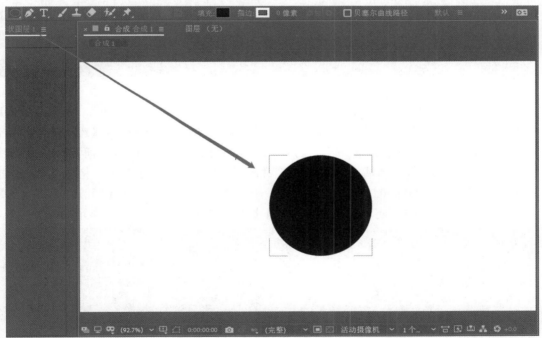

图 11-112

④ 在【时间轴】面板中选择"形状图层 1"，打开【内容】>【椭圆 1】>【变换：椭圆 1】
下拉属性，设置【位置】属性为"0.0，0.0"，将【当前时间指示器】拖曳到"0:00:01:00"
处，激活【比例】属性的【时间变换秒表】按钮，将【当前时间指示器】拖曳到"0:00:00:00"
处，设置【比例】属性为"100.0，100.0%"，如图 11-113 所示。

图 11-113

⑤ 选择【比例】属性，按【F9】键，单击【图表编辑器】按钮，调整曲线，如图 11-114
所示。

图 11-114

⑥ 执行【图层】>【新建】>【纯色】菜单命令，设置【颜色】为"白色"，在【时间轴】
面板中选择"白色 纯色 2"图层，执行【效果】>【RG Trapcode】>【Particular】菜单
命令，在【效果控件】面板中打开【发射器】的下拉属性，将【当前时间指示器】拖曳
到"0:00:01:00"处，激活【粒子/秒】属性的【时间变换秒表】按钮，将【当前时间指
示器】拖曳到"0:00:00:22"处，设置【粒子/秒】属性为"0"，将【当前时间指示器】
拖曳到"0:00:01:05"处，设置【粒子/秒】属性为"0"，如图 11-115 所示。

图 11-115

⑦ 在【效果控件】面板中，设置【速度】属性为"400.0"，打开【粒子】的下拉属性，设
置【球体羽化】属性为"0.0"，【大小】属性为"5.0"，【大小随机】属性为"65.0%"，
【不透明度随机】属性为"83.0%"，如图 11-116 所示。

图 11-116

⑧　打开【物理学】的下拉属性，将【当前时间指示器】拖曳到"0:00:01:06"处，激活【物理学时间因数】属性的【时间变换秒表】按钮，将【当前时间指示器】拖曳到"0:00:01:09"处，设置【物理学时间因数】属性为"0.0"，如图 11-117 所示。

图 11-117

⑨　在【时间轴】面板中，选择【物理学时间因数】属性，按【F9】键，单击【图表编辑器】按钮，调整曲线，如图 11-118 所示。

图 11-118

⑩ 将【当前时间指示器】拖曳到"0:00:00:23"处，在【效果控件】面板中打开【全局变换】的下拉属性，激活【Y 旋转全局】属性的【时间变换秒表】按钮，如图 11-119 所示。

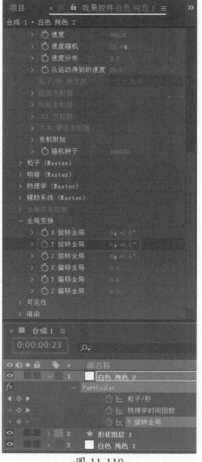

图 11-119

⑪ 将【当前时间指示器】拖曳到"0:00:03:00"处，设置【Y 旋转全局】属性为"0x+210.0°"，如图 11-120 所示。

图 11-120

⑫ 执行【图层】>【新建】>【摄像机】菜单命令，在弹出的【摄像机设置】对话框中设置【类型】为"单节点摄像机"，【预设】为"35 毫米"，单击【确定】按钮，如图 11-121 所示。

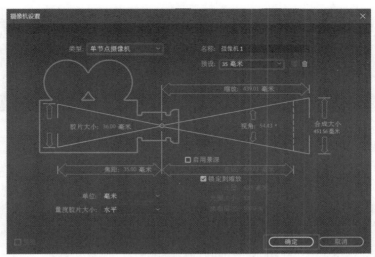

图 11-121

⑬ 在【时间轴】面板中选择"摄像机 1"图层，将【当前时间指示器】拖曳到"0:00:00:22"
处，激活【位置】属性的【时间变化秒表】按钮；将【当前时间指示器】拖曳到"0:00:01:20"
处，设置【位置】属性为"640.0，360.0，-1130.0"；将【当前时间指示器】拖曳到"0:00:02:20"
处，设置【位置】属性为"640.0，360.0，-4750.0"；选择中间的【关键帧】按【F9】键
添加【缓动】效果，如图 11-122 所示。

图 11-122

⑭ 选中【位置】属性，在【关键帧】处单击鼠标右键，在弹出的快捷菜单中选择【关键帧
插值】命令，在弹出的【关键帧插值】对话框中，设置【空间插值】为"线性"，单击
【确定】按钮，如图 11-123 所示。

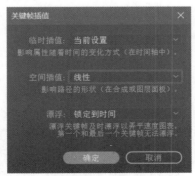

图 11-123

⑮ 在【时间轴】面板中单击【图表编辑器】按钮，调整曲线，如图 11-124 所示。

图 11-124

⑯ 在【时间轴】面板中选择【形状图层 1】图层,将【当前时间指示器】拖曳到"0:00:01:04"处,设置【比例】属性为"0.0,0.0%";将【当前时间指示器】拖曳到"0:00:00:23"处,设置【比例】属性为"100.0,100.0%",如图 11-125 所示。

图 11-125

三、制作镜头 2

① 在【项目】面板中单击【新建合成】按钮,【合成名称】设置为"总",再新建一个合成并命名为"合成 2",将"合成 1"拖曳到"总"合成中,如图 11-126 所示。

② 打开"合成 2",执行【图层】>【新建】>【纯色】菜单命令,重复该命令,一共新建两个纯色图层,如图 11-127 所示。

图 11-126

图 11-127

③ 在【时间轴】面板中选择"白色 纯色 4"图层，执行【效果】>【RG Trapcode】>【Form】菜单命令，在【效果控件】面板中打开【基本形状】的下拉属性，设置【尺寸】为"XYZ 独立"，设置【大小 X】属性为"8500"，【大小 Y】属性为"8500"，【大小 Z】属性为"9300"，【X 中的粒子】属性为"60"，【Y 中的粒子】属性为"60"，【Z 中的粒子】属性为"20"，如图 11-128 所示。

④ 打开【粒子】的下拉属性，设置【球形羽化】属性为"0"，【尺寸】属性为"8"，【颜色】为"黑色"，如图 11-129 所示。

图 11-128

图 11-129

⑤ 打开【可见性】的下拉属性，设置【灭点最远值】属性为"5900"，【最远端开始衰减】属性为"0"，如图 11-130 所示。

⑥ 执行【图层】>【新建】>【摄像机】菜单命令，在弹出的【摄像机设置】对话框中，设置【类型】为"单节点摄像机"，【预设】为"35 毫米"，如图 11-131 所示。

图 11-130

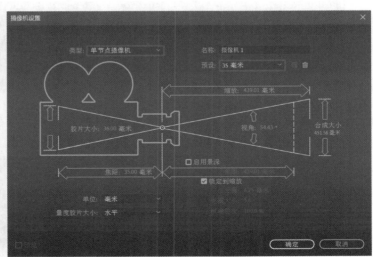

图 11-131

⑦ 将【当前时间指示器】拖曳到"0:00:03:00"处，激活【位置】属性的【时间变化秒表】

按钮和【Z 轴旋转】属性的【时间变化秒表】按钮；将【当前时间指示器】拖曳到"0:00:02:00"处，设置【位置】属性为"1650.0，-700.0，-1244.4"；设置【Z 轴旋转】属性为"0x +90.0°"，如图 11-132 所示。

图 11-132

⑧ 在【时间轴】面板中选择"白色 纯色 4"图层，在【效果控件】面板中打开【Form】的下拉属性，将【当前时间指示器】拖曳到"0:00:02:09"处，激活【位移】属性的【时间变化秒表】按钮；将【当前时间指示器】拖曳到"0:00:01:16"处，设置【位移】属性为"190"，如图 11-133 所示。

图 11-133

⑨ 在【时间轴】面板中选择"摄像机 1"图层，将【当前时间指示器】拖曳到"0:00:00:02"处，设置【位置】属性为"1650.0，-700.00，4600.0"；将【当前时间指示器】拖曳到"0:00:01:00"处，复制"0:00:02:00"处的【关键帧】，如图 11-134 所示。

图 11-134

⑩ 选择"0:00:00:01"处【位置】属性的【关键帧】，单击鼠标右键，在弹出的快捷菜单中选择【关键帧辅助】>【缓入】命令，单击【图表编辑器】按钮，调整曲线，如图 11-135 所示。

图 11-135

⑪ 选择"0:00:00:02"处【位置】和【Z 轴旋转】属性的【关键帧】，单击鼠标右键，在弹出的快捷菜单中选择【关键帧辅助】>【缓出】命令；选择"0:00:00:03"处，【位置】和【Z 轴旋转】属性的【关键帧】，单击鼠标右键，在弹出的快捷菜单中选择【关键帧辅助】>【缓入】命令，如图 11-136 所示。

图 11-136

⑫ 选择【位置】和【Z 轴旋转】属性，单击【图表编辑器】按钮，调整曲线，如图 11-137 所示。

图 11-137

⑬ 将【当前时间指示器】拖曳到"0:00:04:00"处，设置【位置】属性为"640.0，360.0，-1380.4"，单击鼠标右键，在弹出的快捷菜单中选择【关键帧辅助】>【缓出】命令；将【当前时间指示器】拖曳到"0:00:05:00"处，设置【位置】属性为"640.0，360.0，-6800.4"，选中【位置】属性的【关键帧】，单击鼠标右键，在弹出的快捷菜单中选择【关键帧插值】命令，在弹出【关键帧插值】对话框中设置【空间插值】为"线性"，如图 11-138 所示。

图 11-138

⑭ 选择"0:00:04:00"处【位置】属性的【关键帧】，单击【图表编辑器】按钮，调整曲线，如图 11-139 所示。

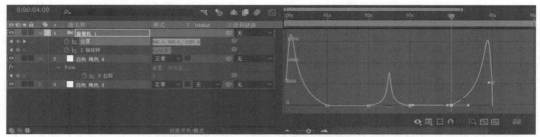

图 11-139

⑮ 选择"白色 纯色 4"图层【位移】属性的关键帧，按【F9】键添加【缓动】，单击【图表编辑器】按钮，调整曲线，如图 11-140 所示。

图 11-140

⑯ 在【项目】面板中将"合成 2"拖曳到"总"合成中，将"合成 2"图层的入点放置于"0:00:02:20"处，激活【不透明度】属性的【时间变化秒表】按钮，设置【不透明度】属性为"0%"；将【当前时间指示器】拖曳到"0:00:03:08"处，设置【不透明度】属性为"100%"，如图 11-141 所示。

图 11-141

四、制作总合成

① 执行【图层】>【新建】>【文本】菜单命令，输入"寻找协调"使其居中对齐，激活【3D图层】按钮；将"寻找协调"图层【入点】拖曳到"0:00:08:00"处；将【当前时间指示器】拖曳到"0:00:09:10"处，激活【位置】属性的【时间变化秒表按钮】，按【F9】键添加【缓动】；将【当前时间指示器】拖曳到"0:00:08:00"处，设置【位置】属性为"550.0，380.0，-1800.0"，如图 11-142 所示。

② 选择"寻找协调"图层的【位置】属性，单击【图表编辑器】按钮，调整曲线，如图 11-143 所示。

图 11-142

图 11-143

③　执行【图层】>【新建】>【纯色】菜单命令，设置【颜色】为"黑色"，在【时间轴】面板中，选择"黑色 纯色 1"图层，双击【工具栏】中【矩形工具】，此时会生成一个【蒙版】，如图 11-144 所示。

图 11-144

④　将【当前时间指示器】拖曳到"0:00:09:15"处，在【时间轴】面板中选择"黑色 纯色 1"图层，按【{】键设置入点，将【当前时间指示器】拖曳到"0:00:10:20"处，激活

【蒙版路径】属性的【时间变换秒表】按钮,如图 11-145 所示。

图 11-145

⑤ 将【当前时间指示器】拖曳到"0:00:10:05"处,在【合成】面板双击蒙版边角处,此时可对蒙版进行大小和形状的编辑,按住【Ctrl】键的同时按住蒙版上下边的一个"中间点"并进行拖曳,如图 11-146 所示。

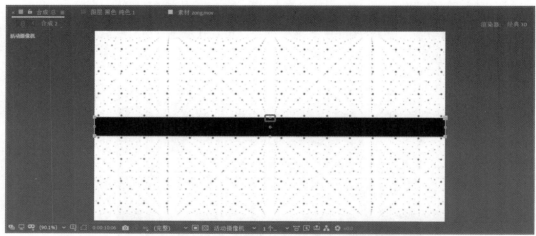

图 11-146

⑥ 将【当前时间指示器】拖曳到"0:00:09:18"处,按住蒙版右边的"中间点"向左拖曳,如图 11-147 所示。

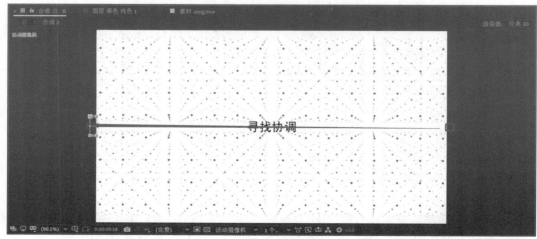

图 11-147

⑦ 选中【蒙版路径】的【关键帧】，按【F9】键添加【缓动】，单击【时间轴】面板中的【图表编辑器】按钮，调整曲线，如图 11-148 所示。

图 11-148

五、制作镜头 3

① 在【项目】面板中单击【新建合成】按钮新建合成，设置【名称】为"合成 3"，在"合成 3"图层中，执行【图层】>【新建】>【纯色】菜单命令，设置【颜色】为"黑色"，如图 11-149 所示。

图 11-149

② 在【工具栏】中单击【椭圆工具】在【合成】面板中绘制一个正圆，填充为"白色，将其居中对齐，重命名为"球 1"，如图 11-150 所示。

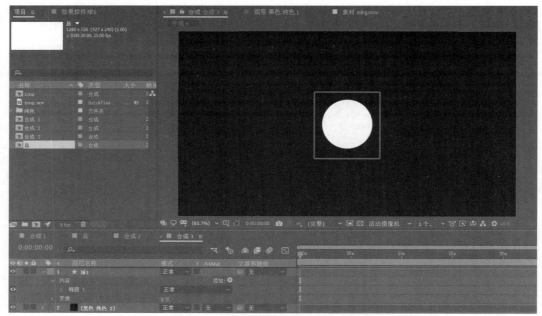

图 11-150

③ 在【时间轴】面板中选中"球 1"图层，按快捷键【Ctrl+D】进行复制，并将复制好的小球在【合成】面板中进行大小改变与位置调整，如图 11-151 所示。

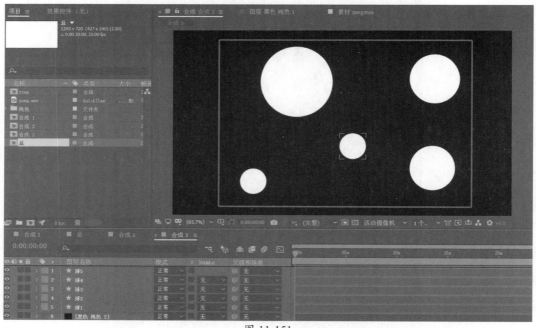

图 11-151

④ 执行【图层】>【新建】>【纯色】菜单命令，选择新建的"纯色"图层，执行【效果】>【生成】>【光束】菜单命令，在【效果控件】面板中设置【光束】的下拉属性中【内部颜色】和【外部颜色】都为"白色"，【柔和度】属性为"0.0%"，【长度】属性为"100.0%"，【起始厚度】与【结束厚度】属性分别为"2"，如图 11-152 所示。

图 11-152

⑤　在【时间轴】面板中选择"黑色 纯色 3"图层，重命名为"线 1"，按住【Alt】键单击【起始点】与【结束点】属性的【时间变化秒表】按钮，添加【表达式】，如图 11-153 所示。

图 11-153

⑥　按住【起始点】属性下的"螺旋线"按钮，拖曳到"球 1"图层的【位置】属性中，如图 11-154 所示。

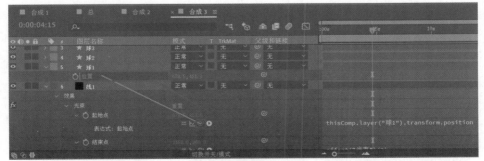

图 11-154

⑦　按住【结束点】属性下的"螺旋线"按钮，拖曳到"球 4"图层的【位置】属性中，如图 11-155 所示。

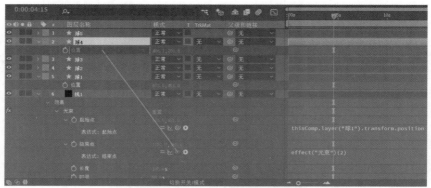

图 11-155

⑧ 选择"线 1"图层，按快捷键【Ctrl+D】复制 4 个图层，如图 11-156 所示。

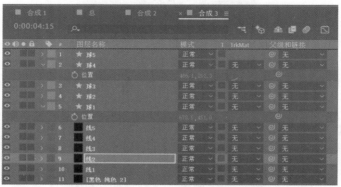

图 11-156

⑨ 重复步骤⑤为"线 2"图层至"线 4"图层的【起始点】与【结束点】添加【表达式】；将"线 2"图层的【起始点】与"球 1"图层的【位置】属性相连，【结束点】与"球 5"图层的【位置】属性相连；将"线 3"图层的【起始点】与"球 5"图层的【位置】属性相连，【结束点】与"球 3"图层的【位置】属性相连；将"线 4"图层的【起始点】与"球"图层的【位置】属性相连，【结束点】与"球 2"图层的【位置】属性相连；将"线 5"图层的【起始点】与"球 5"图层的【位置】属性相连，【结束点】与"球 4"图层的【位置】属性相连，如图 11-157 所示。

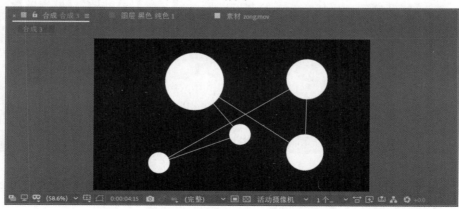

图 11-157

⑩ 在【时间轴】面板中选择"球 1"图层至"球 5"图层，将【当前时间指示器】拖曳到"0:00:01:00"处，激活【位置】属性的【时间变换秒表按钮】；将【当前时间指示器】拖曳到"0:00:00:00"处，设置"球 1"图层的【位置】属性为"678.5，-729.0"；设置"球 2"图层的【位置】属性为"979.6，-685.0"；设置"球 3"图层的【位置】属性为"987.7，-155.0"；设置"球 4"图层的【位置】属性参数为"466.1，-383.0"；设置"球 5"图层的【位置】属性参数为"303.9，-505.0"，如图 11-158 所示。

图 11-158

⑪ 选择"球 1"图层至"球 5"图层在"0:00:00:00"处【位置】属性的【关键帧】，添加【缓出】；选择"球 1"图层至"球 5"图层在"0:00:01:00"处【位置】属性的【关键帧】，添加【缓入】，如图 11-159 所示。

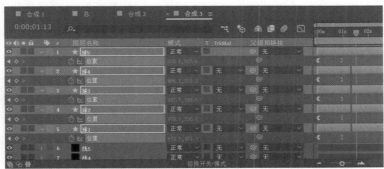

图 11-159

⑫ 设置"球 1"图层的【入点】为"0:00:00:07"处；设置"球 2"图层的【入点】为"0:00:00:14"处；设置"球 3"图层的【入点】为"0:00:00:03"处；设置"球 4"图层的【入点】为"0:00:00:09"处；设置"球 5"图层的【入点】为"0:00:00:05"处，如图 11-160 所示。

图 11-160

⑬ 在【时间轴】面板中选择"球 1"图层至"球 5"图层与"线 1"图层至"线 5"图层，单击鼠标右键，在弹出的快捷菜单中选择【预合成】命令；在【项目】面板中选择"预合成 1"图层，单击鼠标右键，在弹出的快捷菜单中选择【合成设置】命令，在弹出的【合成设置】对话框中，设置【高度】属性为"1280"，如图 11-161 所示。

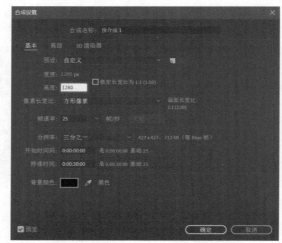

图 11-161

⑭ 在【项目】面板中双击打开"预合成 1"，在【时间轴】面板中选择"线 1"图层，执行【图层】>【纯色设置】菜单命令，在弹出的【纯色设置】对话框中，单击【制作合成大小】按钮，对"线 2"图层至"线 5"图层进行相同的操作，如图图 11-162 所示。

图 11-162

⑮ 在【时间轴】面板切换到"合成 3",选择"预合成 1"图层,将【当前时间指示器】拖曳到"0:00:01:14"处,激活【旋转】属性的【时间变换秒表】按钮;将【当前时间指示器】拖曳到"0:00:02:10"处,设置【旋转】属性参数为"1x+0.0°",如图 11-163 所示。

图 11-163

⑯ 选择这两个【关键帧】按【F9】键添加【缓动】,单击【时间轴】面板中的【图表编辑器】按钮,调整曲线,如图 11-164 所示。

图 11-164

⑰ 在【时间轴】面板切换到"合成 3",选择"球 1"图层至"球 5"图层,将【当前时间指示器】拖曳到"0:00:01:20"处,给【位置】属性添加【关键帧】,如图 11-165 所示。

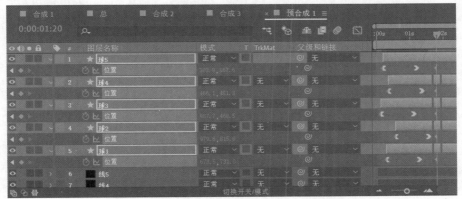

图 11-165

⑱ 使用【工具栏】中的【多边形】工具,在【合成】面板中绘制一个"正五边形"居中对齐,设置【不透明】属性为"40%",【填充】为"红色",在【时间】轴面板中将其锁定,如图 11-166 所示。

⑲ 将【当前时间指示器】拖曳到"0:00:02:10"处,在【合成】面板将每个小球放置于"五边形"的顶点处,如图 11-167 所示。

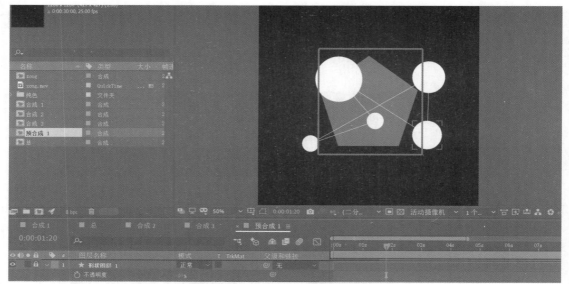

图 11-166

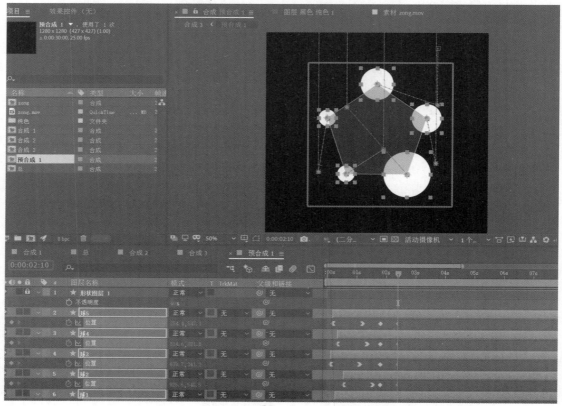

图 11-167

⑳ 选择"球1"图层至"球5"图层的【位置】属性，在【关键帧】处单击鼠标右键，在弹出的快捷菜单中选择【关键帧插值】命令，在弹出的【关键帧插值】对话框中，设置【空间插值】为"线性"，如图 11-168 所示。

图 11-168

㉑ 选择"球 1"图层至"球 5"图层的【缩放】属性，将【当前时间指示器】拖曳到"0:00:01:20"
处，激活【缩放】属性的【时间变化秒表】按钮；将【当前时间指示器】拖曳到"0:00:02:10"
处，设置【缩放】属性为"50.0，50.0%"，选择这些【关键帧】，按【F9】键添加【缓
动】，如图 11-169 所示。

图 11-169

六、整体调整

① 删除"形状图层 1"；在【项目】面板中将"合成 3"拖曳到"总"合成；在【时间轴】
面板中切换到"总"合成；将【当前时间指示器】拖曳到"0:00:10:20"处，选择"合
成 3"图层，按【{}】键，设置【入点】位置，如图 11-170 所示。

图 11-170

② 执行【图层】>【新建】>【文本】菜单命令，输入"人们处在"，将【当前时间指示器】
拖曳到"0:00:00:00"处，激活【不透明度】属性的【时间变换秒表】按钮，设置【不
透明度】属性为"0%"，设置【位置】属性为"550.0，555.0"；将【当前时间指示器】
拖曳到"0:00:01:00"处，设置【不透明度】属性为"100%"；将【当前时间指示器】拖
曳到"0:00:02:05"处，设置【不透明度】属性为"0%"，如图 11-171 所示。

图 11-171

③ 执行【图层】>【新建】>【文本】菜单命令，输入"繁华的环境中"，设置【入点】在"0:00:02:05"，设置【位置】属性参数为"506.0，380.0"；激活【不透明度】属性的【时间变换秒表】按钮，设置【不透明度】属性参数为"0"；将【当前时间指示器】拖曳到"0:00:04:00"处，设置【不透明度】属性参数为"100"；将【当前时间指示器】拖曳到"0:00:05:05"处，设置【不透明度】属性参数为"0"，如图 11-172 所示。

图 11-172

④ 在【时间轴】面板中切换到"合成 2"，执行【图层】>【新建】>【文本】菜单命令，输入"寻找秩序"，设置【位置】属性参数为"550.0，380.0"；将【当前时间指示器】拖曳到"0:00:03:00"处，激活【不透明度】属性的【时间变化秒表】，设置【不透明度】属性为"0%"；将【当前时间指示器】拖曳到"0:00:03:05"处，设置【不透明度】属性参数为"100"；将【当前时间指示器】拖曳到"0:00:04:12"处，给【不透明度】添加一个【关键帧】；将【当前时间指示器】拖曳到"0:00:05:11"处，设置【不透明度】属性参数为"0%"，如图 11-173 所示。

图 11-173

⑤ 在【时间轴】面板中切换到"总"合成，执行【图层】>【新建】>【文本】菜单命令，输入"由繁杂"，设置【填充】为"白色"，设置【位置】属性为"570.0，380.0"；将【当前时间指示器】拖曳到"0:00:10:21"处，激活【不透明度】属性的【时间变化秒表】，设置【不透明度】属性参数为"0%"；将【当前时间指示器】拖曳到"0:00:11:17"处，设置【不透明度】属性参数为"100%"；将【当前时间指示器】拖曳到"0:00:12:13"处，设置【不透明度】属性参数为"0%"，如图 11-174 所示。

图 11-174

⑥ 执行【图层】>【新建】>【文本】菜单命令，输入"至统一"，设置【填充】为"白色"，设置【位置】属性参数为"570.0，380.0"；将【当前时间指示器】拖曳到"0:00:12:12"处，激活【不透明度】属性的【时间变化秒表】，设置【不透明度】属性参数为"0%"；将【当前时间指示器】拖曳到"0:00:13:08"处，设置【不透明度】属性参数为"100%"，如图 11-175 所示。

图 11-175

⑦ 本案例制作完毕，按【空格】键，可以预览最终效果，如图 11-176 所示。

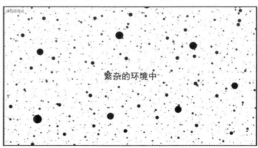

图 11-176

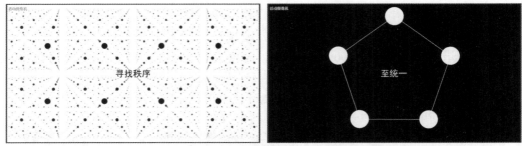

图 11-176（续）